LE LIVRE DES MÈRES

LES ENFANTINES

DU

« BON PAYS DE FRANCE »

BERCEUSES, RONDES, NOËLS
CHANSONS DE FILERIE ET BRANDONS, RISETTES, DEVINETTES
BALLADES, LÉGENDES
ROMANCES, AMUSETTES, DICTONS ET QUATRAINS

recueillies

PAR PH. KUHFF

PROFESSEUR DE LITTÉRATURE AU COLLÈGE CHAPTAL

PARIS

LIBRAIRIE SANDOZ ET FISCHBACHER

33, RUE DE SEINE, 33

1878

LES ENFANTINES

Dormi, Jesu, mater ridet,
Quæ tam dulcem somnum videt,
Dormi, Jesu blandule.
Si non dormis, mater plorat,
Inter fila cantans orat :
Blande, veni, Somnule.

Dors, Jésus ! Ta mère sourit,
Qui voit ton doux sommeil :
Dors, Jésus, bien-aimé.
Si tu ne dors, ta mère pleure,
Elle file, elle chante et prie :
Descends, ô doux sommeil !

NANCY, IMPRIMERIE BERGER-LEVRAULT ET Cⁱᵉ

LES ENFANTINES

DU

« BON PAYS DE FRANCE »

BERCEUSES, RONDES, NOËLS
CHANSONS DE FILERIE ET BRANDONS, RISETTES, DEVINETTES
BALLADES, LÉGENDES
ROMANCES, AMUSETTES, DICTONS ET QUATRAINS

recueillies

Par Ph. KUHFF

PROFESSEUR DE LITTÉRATURE AU COLLÉGE CHAPTAL

PARIS

LIBRAIRIE SANDOZ ET FISCHBACHER

33, RUE DE SEINE, 33

1878

PRÉFACE

Ces *Enfantines* ouvrent la série de nos recueils de poésie destinés à la famille ou à l'école.

L'idée de cette publication remonte pour nous
à une époque bien antérieure aux événements
de 1870.

Nous avions toujours regretté que l'enseigne-
ment du français en Alsace et dans nos provinces
frontières, ne fût pas facilité par des livres vraiment populaires, appropriés à l'intelligence de
l'écolier aussi bien que de l'homme du peuple:
Nos ouvrages scolaires étaient trop abstraits,
trop arides. Notre littérature est trop grave, trop
solennelle, trop peu soucieuse de parler la langue des simples pour être comprise d'eux. Nous
la voyions d'ailleurs inabordable à beaucoup de
nos élèves qui en étaient encore aux éléments,
auxquels il fallait d'abord apprendre la langue
par ses mots et tournures, avant de songer à leur
faire goûter quelques pages de nos auteurs.

Pour enseigner le français en Alsace, que fallait-il? des morceaux classiques difficilement compris par l'écolier ou par l'homme du peuple? des pages correctes et froides, écrites dans un style abstrait? des chapitres où l'économie domestique mêle ses enseignements à des préceptes de morale? Tout cela pouvait être utile. Mais pour propager la connaissance d'une langue dans toute une population, rien ne vaut que ce qui parle directement à l'esprit du peuple, c'est-à-dire à son imagination, ou ce qui va droit au cœur. Oui, pour répandre les éléments d'une langue, pour fixer les souvenirs qu'elle rappelle, rien ne vaudra un simple verset, un quatrain, un de ces jeux d'esprit, naïfs comme le sourire d'un enfant, un couplet qui se dit et se chantonne à la sourdine, qui de lui-même va se placer sur les lèvres et s'attacher à la mémoire, qui n'est parfois qu'un soupir de l'homme en peine de sa destinée, un regret ou une espérance. Rien ne remplace pour ce but pratique la poésie dont le peuple lui-même est l'auteur, qui se grave dans toutes les mémoires, se répète au coin du feu, est redite par l'aïeule, chantée par la jeunesse, et qui s'imprime dans l'esprit de l'enfant pour le suivre partout dans la vie.

Mais alors la poésie populaire ne comptait

pour rien en France. L'école la laissait dans
l'oubli comme si elle n'avait jamais existé chez
nous. Pauvre Cendrillon, cachée dans la grande
ombre du foyer national, elle voyait ses sœurs
brillantes, l'Éloquence et la Poésie imitée du
vers latin, posséder seules la faveur de cette
seconde mère, « l'École », qui, jalouse et revê-
che, venue en France de climats lointains, prenait envers elle, l'enfant de la maison, le rôle
d'une marâtre, et la charmante délaissée n'avait
que ses peines et sa misère pour témoins de
sa grâce touchante et de sa simple beauté.

Mais la France est le pays des surprises. En
tout temps et en toutes circonstances, quand
elle paraît le plus dépourvue, elle est sûre de
trouver dans la fécondité de son génie, aussi bien
que dans la richesse de son sol, des ressources
cachées et comme tenues en réserve. Il n'est
point de contrée, il n'est point de nation qui
puisse s'appliquer plus légitimement ce vers du
plus Français de ses poëtes :

C'est le fonds qui manque le moins.

C'est ainsi que notre poésie populaire nous a
été rendue tout récemment avec tous ses trésors.
S'il est arrivé qu'elle a été si longtemps négligée

c'est, il faut le dire aussi, qu'il n'est point de pays où l'École ait dû compter plus sérieusement avec une tradition antérieure aux créations spontanées du génie national, et où les études latines aient produit plus de chefs-d'œuvre. Nous nous rappellerons surtout qu'elles nous ont livré cet admirable instrument, la prose française, à qui la langue a dû pendant des siècles sa suprématie en Europe, à qui la France doit d'être devenue l'apôtre et l'initiatrice du progrès. Mais n'est-il pas temps de nous souvenir que, si le climat de la France réunit les productions du Nord et du Midi, de même le génie de la nation doit unir à la tradition latine et gauloise le sentiment français, c'est-à-dire d'un peuple moderne ; que dans ce domaine de la littérature comme dans tous les autres, rien n'est vivace que ce qui pousse en pleine terre, et que là surtout, sur ce sol national de la tradition, *c'est le fonds qui manque le moins ?*

On disait, on a répété pendant deux cents ans : « La France n'a point le génie épique », et voilà que la science nous rend l'une après l'autre ces chansons de geste, au nombre de près de deux cents, qui comptent parfois jusqu'à vingt et trente mille vers, qui ont été chantées, traduites, imitées par toutes les nations de l'Europe, et

nous devons au travail et à la foi enthousiaste
de deux savants diversement passionnés pour
ces monuments de notre premier grand siècle
littéraire, d'avoir restitué à la nation le chef-
d'œuvre du moyén âge, la chanson de Roland,
qui vit encore aujourd'hui, dans des imitations
nombreuses, chez les peuples les plus reculés
du Nord et du Midi.

On disait : « La poésie populaire et enfantine
n'existe pas en France », et voici ce qui est arrivé
dans les vingt dernières années : après les tra-
vaux, articles et rapports de Ch. Nodier, Gérard
de Nerval, Ampère, Rathery; après les publications de Tarbé (Champagne) et de Champfleury,
ont paru successivement les Recueils de Bujeaud (Poitou), du comte de Puymaigre (Lorraine), de Beauregard (Normandie), de Durieux
et Bruyelle (Cambrésis), de Gagnon (Canada),
de Blavignac (Genève), sans parler de ceux de
Damas Arbaud (Provence), de Luzel (Bretagne)
et de tant d'autres, sans parler non plus de *Re-
vues* spéciales comme la *Romania* et la *Mélusine*,
de monographies diverses sur les traditions de
nos provinces de France, et des études sur la
langue d'oc qui permettent enfin de mesurer
l'étendue de cette littérature traditionnelle.

Mais les recueils publiés par ces auteurs s'adressent à des lettrés. Nous pensions que les plus belles, les plus intéressantes parmi ces poésies devaient arriver jusqu'à la famille et à l'école et, par elles, faire retour au peuple qui en est l'auteur. L'école voudra-t-elle les frapper d'interdit?

La poésie populaire est l'esprit, est l'âme de la nation traduite dans la langue des simples. L'école, qui a mission d'instruire le peuple, refusera-t-elle de descendre jusqu'à lui, et de mettre à profit quelques-unes de ses inspirations? Si les livres scolaires, et ceux qui sont écrits pour le peuple, s'enrichissaient de ce legs traditionnel dont le souvenir n'est pas éteint dans nos villes et nos campagnes, ne croit-on pas qu'ils seraient plus chers aux enfants et mieux acceptés des parents? Quel accueil ne trouveraient-ils pas s'ils s'accompagnaient de ces dictons, proverbes, chansons et légendes qui, avec eux, reprendraient si volontiers le chemin de la mansarde et de la chaumière.

Dans ce retour à leur lieu d'origine, ces poésies serviraient à d'autres encore qu'aux jeunes élèves de nos écoles. Elles charmeraient les parents, elles instruiraient les maîtres à qui elles apprendraient à intéresser les enfants, à leur parler la langue qu'ils comprennent. Les auteurs sco-

laires, aussi bien que les instituteurs qui s'adressent au premier âge, étudieraient de plus près
les gracieuses imaginations dont le génie national s'est inspiré pour amuser les enfants. Ils y
surprendraient le secret de cette langue admirable de brièveté, simple et concrète. Quant
aux écoliers, elles leur rappelleraient, mieux
que toutes autres, qu'ils sont tous enfants d'une
même patrie.

Fixer cette littérature un peu dispersée, n'est-
ce pas réunir un trésor qui doit être commun
à tous, qui est le bien propre du fils de bourgeois, comme du petit campagnard, au partage
duquel le riche et le pauvre peuvent être appe-
lés? Ces charmants poëmes ou jeux d'esprit et
de langage créent un lien de plus entre les enfants d'une même nation. Ils leur laissent à tous
les plus gracieux souvenirs et composent un
des éléments les plus puissants du patriotisme
qui, dépassant l'amour du sol natal, n'existe
que par la communauté des sentiments, des
traditions, des souvenirs de tous et de chacun.

Pour nous, à cette œuvre de vulgarisation s'at-
tachait une autre espérance. N'avions-nous pas
le droit de compter que ces poésies trouveraient
un écho non-seulement dans nos provinces de
l'intérieur, mais encore dans notre Alsace et

sur nos frontières? Elles y porteraient le souvenir aimé de la langue et des traditions de la France et du peuple français. Cette espérance avait été le point de départ de notre travail bien avant 1870; nous n'y avons pas renoncé après les événements de l'année terrible, et nous ne voulons pas nous refuser à croire quelle ne puisse encore aujourd'hui se réaliser dans une certaine mesure.

Ce recueil des *Enfantines*, entrepris depuis de si longues années, s'est lentement accru de morceaux qui n'ont été publiés que dans ces derniers temps. Groupant les pièces qui le composent en chapitres où elles sont reliées par des idées communes, nous avons dû souvent nous arrêter en présence de lacunes qui ne pouvaient être comblées que par l'effet de quelque publication nouvelle, venant compléter celles déjà parues. Mais il fallait enfin conclure. Le livre était établi et imprimé lorsque toute l'édition, prête à paraître, a péri en mai 1876, dans l'incendie qui a détruit les magasins de l'imprimerie Berger-Levrault, à Nancy.

En recomposant notre travail, nous y ajoutâmes diverses pièces, que nous avions d'abord classées au *Livre des hommes*, et qui, sans avoir été en principe destinées aux enfants, nous parurent pouvoir être détournées à leur usage, entre autres les chansons de métier. On sait que les salles d'asile et les classes des minimes de nos écoles sont à court de jeux mimés où le geste accompagne la poésie et le chant. Ces jeux constituent une gymnastique très-amusante et très-utile à l'école elle-même, à qui ils servent à tenir les enfants frais et dispos. Frœbel a composé dans ce but maints exercices, accompagnés de chansonnettes qui font exécuter aux enfants des mouvements scandés et d'ensemble, imitant le travail des hommes de métier. Nous avons cru qu'il serait utile de proposer aux maîtres celles de nos poésies populaires qui ont trait aux divers corps d'état, comme la chanson de la *Coupe au vin*. N'y a-t-il pas lieu d'espérer que l'on trouverait là des éléments plus naturels, plus vrais, pour cette gymnastique du vers chanté et mimé, qu'il serait si important de pouvoir organiser définitivement? Tôt ou tard l'école saurait, après des remaniements et une appropriation plus directe, faire rentrer ces chants dans son cercle d'action.

D'autres chapitres, surtout celui des *Énigmes*

et celui des *Formulettes*, ont reçu, pendant la réimpression même de la présente édition, un appoint très-opportun par deux publications dans lesquelles il nous a été permis de puiser à pleines mains. La première est le livre de M. E. Rolland sur les *Devinettes de la France*. Nous sommes reconnaissants à l'auteur et à l'éditeur, M. Vieweg, de l'autorisation qui nous a été donnée libéralement d'y faire de larges emprunts. L'autre publication, à laquelle nous avons à payer notre dette de reconnaissance, est la *Mélusine*, publiée par MM. Gaidoz et Rolland. Cette *Revue* se propose de mettre au jour la poésie traditionnelle, ainsi que les contes et les légendes répandus dans le peuple sur toute l'étendue de la France. Elle doit à la science et au talent de ses fondateurs de jouir dès aujourd'hui d'une autorité qui lui mériterait le concours de tous les hommes instruits, l'appui de tous ceux qui, vivant en contact avec le peuple, pourraient prendre sur le fait et fixer ses croyances et ses traditions.

On voit qu'après bien des traverses, ce recueil des *Enfantines* s'est approché lentement du but qu'il s'était proposé. Nous ne prétendons pas faire un choix, mais établir une sorte d'inventaire des poésies ou rimes qui ont trait à la vie de l'enfant. Nous croyons qu'il est bon, qu'il est utile d'offrir réuni en un volume tout, ou à peu près, de ce que la langue possède dans ce genre minuscule qui a une importance didactique, pédagogique, incontestable.

Chez les peuples voisins on a recueilli avec amour et avec une sorte de superstition, les moindres bégaiements de cette littérature enfantine. On n'a pas laissé à la tradition le soin de la transmettre intacte de génération en génération. Nous n'avons pas voulu davantage pratiquer des exclusions dans ce livre, qui ne prétend d'ailleurs pas s'offrir à l'école pour lui être directement utile.

Il n'est pas indifférent de donner place à telles des inspirations du peuple qui, sans avoir quelque valeur littéraire, servent à nous rappeler un trait particulier de sa vie et de ses sentiments. C'est ainsi, par exemple, que le quatrain de la *Gelée de mai* n'a rien de poétique et n'offre qu'une idée assez pauvre et pauvrement exprimée ; mais il signale une date importante, consignée par le peuple dans son calendrier rimé, date à laquelle se rattachent ses craintes, ses espérances de l'année entière, et dont dépendent ses intérêts les plus chers.

Les poésies empruntées à nos auteurs modernes sont insérées ici parce qu'elles présentent une première application du style légendaire. Les auteurs de ces morceaux n'ont certes pas entendu faire œuvre poétique, mais ils ont parlé, en riant, aux enfants, une langue qui peut être comprise d'eux. Cet essai devait être signalé et pourra donner lieu à d'utiles comparaisons.

Une étude sur la poésie enfantine ne serait pas ici sans quelque opportunité, mais nous devons remettre à d'autres occasions d'achever ce travail. Il se confondra en quelques parties avec les observations sur la poésie populaire qui pourront paraître à la deuxième partie des *Rimes* et *Dictons.*

Août 1877.

LES ENFANTINES

Le Calendrier des enfants au village.

NOËL.

Adieu Noël —
Il est passé !
Noël s'en va —
Il reviendra !

Sa femme à cheval,
Ses petits enfants
Qui s'en vont
En pleurant.

Le petit Colin
Qui porte le vin,
La petite Colinette
Qui porte la galette.

Adieu les rois —
Jusqu'à douze mois !
Douze mois passés —
Rois, revenez !

(Normandie [1].)

[1] *Chansons populaires des provinces de France*, par CHAMP-
FLEURY et WECKERLIN. Paris, Bourdilliat, édit. 1860.

LE NOUVEL AN.

(La Guillonnée.)

Le bon Dieu vous baille tant de bœufs
Comme les poules auront d'œufs,
    Gentil Seigneur,
Ah ! donnez-leur la guillonnée !

Le bon Dieu vous baille tant de poulets
Que les moissons ont de bouquets !
    Gentil Seigneur,
Ah ! donnez-leur la guillonnée !

Le bon Dieu vous baille tant de garçons
Qu'il est de plis aux cotillons !
    Gentil Seigneur,
Ah ! donnez-leur la guillonnée !

(Guyenne et Gascogne [1].)

[1] Dans la Gascogne et l'Agenois, la veille du jour de l'An, on célèbre la Guillonnée, corruption du fameux cri: Au Gui l'an neuf ! Les enfants vont demander leurs étrennes en chantant aux portes les vers ci-dessus.

LES ROIS.

—

Le roi boit, le roi boit[1];
La part à Dieu, s'il vous plaît.

[1] On prononçait *bait*.

SAINT PANÇARD.

(Mardi-Gras.)

—

Saint Pançard n'a pas soupé :
Vous plaît-il de lui donner
Une croûte de pâté?
Taillez haut, taillez bas
Un bon morceau au milieu du plat.
Si vous n'avez pas de couteau,
Donnez-lui tout le morceau.

LA MORT DE MARDI-GRAS.

—

Mardi-Gras est mort,
Sa femme en hérite
D'une cuiller à pot,
D'une vieille marmite.
Chantons haut, chantons bas,
Mardi-Gras n'entendra pas.

(Chanté le Mercredi des Cendres dans
les villes de la Basse-Normandie [1].)

[1] *La Poésie populaire en Normandie*, par E. de BEAUREPAIRE.
— Paris, Dumoulin.

LE CRI DES TÉNÈBRES.

(Samedi-Saint [1].)

—

Ah ! ténèbres !
Ah ! ténèbres !
Ah ! ténèbres !
V'là le premier coup d'ténèbres !

Ah ! ténèbres !
Ah ! ténèbres !
Ah ! ténèbres !
V'là le second coup d'ténèbres !

Ah ! ténèbres !
Ah ! ténèbres !
Ah ! ténèbres !
V'là le troisième coup d'ténèbres !

TARBÉ: *Le Romancero de Champagne*, Reims, 1863-1864.

[1] Le Samedi-Saint à l'heure des ténèbres, dans les villages de la montagne de Reims, les enfants parcourent les rues en faisant jouer des crécelles et en poussant le cri ci-dessus.
(Note de M. TARBÉ.)

LE JOLI PRINTEMPS.

(Pâques.)

—

Nous voici à Pâques,
Au joli printemps,
Au joli printemps,
Si joli, lie,
Au joli printemps
Si joliement.

Où la violette
Fleurit dans les champs,
Fleurit dans les champs,
Si joli, lie,
Fleurit dans les champs
Si joliement.

LE BROUILLONNEUR [1].

(Pâques.)

—

Je vous salue avec honneur,
N'oubliez pas le brouillonneur.
Un jour viendra,
Dieu vous le rendra.
Alleluia
Alleluia
Alleluia.

[1] On appelle ainsi dans la Champagne les petits villageois
qui font tourner la crécelle aux fêtes de Pâques, et qui viennent aux portes des maisons demander une petite aumône.
(Note de M. TARBÉ.)

LES ŒUFS DE PÂQUES[1].

Bonjour la société !
Donnez, donnez, donnez !
Je viens quérir mes roulés,
Donnez, donnez, donnez !

[1] Seine-et-Marne. Les enfants de la Brie avaient l'habitude d'aller demander ainsi les œufs de Pâques. Les « roulés » sont des œufs roulés et teints dans une liqueur rouge.

(Note de M. Tarbé.)

PAQUES.

—

Séchez les larmes de vos yeux,
Le roi de la Terre et des Cieux
Est ressuscité glorieux.
    Alleluia !

Deux des disciples, au matin,
Étaient venus dans le jardin,
Voir le tombeau du roi divin.
    Alleluia !

Un ange assis, plein de splendeur,
Leur dit : Consolez votre cœur,
En Galilée est le Seigneur.
    Alleluia !

. . . .

Réveillez-vous, cœurs endormis,
Pour prier le doux Jésus-Christ,
Qui pour nous la mort endura.
    Alleluia !

En ce temps saint et glorieux,
Chantons des chants mélodieux
En bénissant le roi des Cieux.
    Alleluia !

Rendons-lui grâces humblement
Et le prions dévotement,
Qu'il nous conduise au firmament.
    Alleluia !

Bonne femme, tâtez au fond du nid,
N'nous donnez pas des œufs pourris,
Car ça nous ferait mâ à l'estomac.
    Alleluia !

A Étiveaux (arrondissement de Caen), célèbre par la chanson du curé, les paysans vont par les communes, après minuit, chanter la résurrection. Les enfants parcourent de même les villages le samedi matin, veille de Pâques. L'usage est de récompenser les chanteurs par des dons en argent ou par des œufs.

PAQUES REVIENT.

(Pàques à Épinal.)

—

Pâques revient,
C'est un grand bien,
Les champs golot[1] (les champs coulent);
La lours relot (les veillées s'en vont);

Pâques revient,
C'est un grand bien,
Pour les chats et pour les chiens,
Et pour les gens tout aussi bien.

[1] A Épinal, aux fêtes de Pâques, les enfants portent de petits bateaux sur le ruisseau de la Grand'rue, et les suivent en chantant les vers ci-dessus.

DIT DU HANNETON.

Hanneton, vole, vole !
Ton mari est à l'école.
Il a dit qu'si tu volais,
Tu aurais d'la soupe au lait
Il a dit qu'si tu n'volais pas,
Tu aurais la tête en bas [1].

(Reims.)

[1] Ce couplet remplace un texte plus ancien :

> Arnould, prends, prends,
> La cl.f des champs.

Arnould est encore le nom donné par les enfants de Reims au hanneton; ils appellent pain d'Arnould le fruit de l'orme. Il a des antennes semblables à des cornes.

(TARBÉ.)

DIT DU COLIMAÇON.

Colimaçon[1] borgne !
Montre-moi tes cornes ;
Je te dirai où ta mère est morte,
Elle est morte à Paris, à Rouen,
Où l'on sonne les cloches.
Bi, bim, bom,
Bi, bim, bom,
Bi, bim, bom.

(Reims.)

[1] Variante : Escargot couvert.

HANNETON, VOLE!

(Avril-Mai en Alsace.)

—

Avril, tu t'en vas,
Car Mai vient là-bas,
Pour balayer ta figure
De pluie, aussi de froidure,

Hanneton, vole!
Hanneton, vole!

Au firmament bleu,
Ton nid est en feu,
Les Turcs avec leur épée
Viennent tuer ta couvée.

Hanneton, vole!
Hanneton, vole!

CHAMPFLEURY et WECKERLIN.

AVRIL ET MAI.

Le voilà venu le joli mois,
 Laissez bourgeonner le bois,
C'est l'mois d'Avril, le joli mois;
 Le joli bois bourgeonne,
Il faut laisser bourgeonner le bois
 Le bois du gentilhomme.

Berry. (Cité par CHAMPFLEURY.)

POISSON D'AVRIL.

Mois d'avril
Qui fait courir
Les ânes gris
Jusqu'à Paris.

BLAVIGNAC (*l'Empro genevois*).

LE MOIS DE MARIE.

Un petit brin de vot' farine !
Un petit œuf de vot' géline !
C'n'est par pour bère (*boire*),
Ni pour manger (*ère*).
C'est pour avoir un joli cierge
Pour lumer[1] la Sainte-Vierge.

Les Trémouzettes de Salles (Marne).

[1] *Bère*, boire; manger se prononçait *mangère*; lumer, allumer, brûler un cierge en l'honneur de la Sainte-Vierge.

Étrennez notre épousée,
Voici le mois, le joli mois de mai,
Étrennez notre épousée,
La bonne étrenne,
Voici le mois, le joli mois de mai
Qu'on vous amène.

A Lons-le-Saulnier et à Château-Châlon (Jura), le premier jour de mai, les jeunes filles portent en triomphe un enfant couronné de fleurs, « l'épousée », et chantent le couplet ci-dessus.

CHAMPFLEURY et WECKERLIN.

TRIMAZOS [*].

(Mai.)

Nous venons d'un cœur embrasé,
Madame, c'est pour vous demander
Ce qu'il vous plaira de nous donner
Pour Notre-Dame de Vernéville.
  Dame de céans,
  C'est le mai, mois de mai,
  C'est le joli mois de mai.

Nous avons passé parmi les champs,
Nous avons trouvé les blés si grands,
Les avoines sont en levant,
Les aubépines en fleurissant.

---

[*] On appelle Trimazos les jeunes filles et les garçons qui
vont quêter en chantant le mois de mai.

Dame de céans,
C'est le mai, mois de mai,
C'est le joli mois de mai.

Si vous nous faites quelque présent,
Vous en recevrez doublement,
Vous en aurez pendant le temps,
Vous en aurez au firmament.
Dame de céans,
C'est le mai, mois de mai,
C'est le joli mois de mai.

En vous remerciant, Madame,
De vos bienfaits et de vos dons;
Vivez contente, vivez longtemps,
Vivez toujours joyeusement.
Dame de céans,
C'est le mai, mois de mai,
C'est le joli mois de mai.

Chansons populaires du pays messin, recueillies par le Cte de
PUYMAIGRE. Metz, Rousseau-Pallez, éditeur; Paris, Didier.

LE BLÉ, LE RAISIN.

Au mois d'avril
  Le blé est en épis;
Au mois de mai
  Il est en lait;
A la Saint-Urbain (25 mai)
  Il fait le grain;
A la Saint-Claude,
  Le froment ôte sa caule (son bonnet);
A la Saint-Jean
  Verjus pendant[1].

D' PIERRON (Proverbes de la Franche-Comté).

[1] Tant que le raisin est en fleurs, il se lève comme un épi;
il tombe en grappe quand la fécondation est faite, c'est du
verjus.

LES OISEAUX DES CHAMPS.

—

Entre mai et avril
Tout oiseau fait son nid,
Hormis caille et perdrix.

Avril,
Quelques nids ;
Mai,
Ils sont tout faits ;
Juin,
Ils sont bien communs ;
Juillet,
Ils sont tout (ceuillet) cueillis.

A la Saint-Jean,
Tout oiseau perd son chant ;
A la Saint-Georges,
La caille dans l'orge ;
A la Saint-Remy,
Tous perdreaux sont perdrix.

Dr Pierron (Proverbes de la Franche-Comté).

LES SAINTS DE GLACE.

(Mai.)

Gelée t'as mangé mes choux,
Ma chicorée et mes artichauts,
Gelée ! tu n'en mang'ras pas
Une autre année,
Parc' que j'n'en sèm'rai pas.

(Angoumois, Saintonge.)

JUIN.

—

Vive Juin !
Le pain, le vin
Il donne
En la saison
Où la moisson talonne
La fenaison.

BLAVIGNAC (*l'Empro genevois*, A. Virisoff, imprim.-édit. à Genève).

LA CAILLE ET LA PERDRIX.

(Juillet, Août.)

J'ai vu la caille
Dedans la paille,
Qui s' p'lotonnait;
La perdrix
Dans la prairie,
Qui se mottait.

LES POMMES.

(Septembre.)

—

Charge pommier,
Charge poirier,
A chaque petite branchette,
Tout plein ma grande bougette[1].

BEAUREPAIRE.

[1] Ma petite poche. De là vient le mot *budget*.

—

LES NOIX.

(Octobre.)

—

Un, deux, trois,
Mes noix.
Fait', fait' colleret',
Fait', fait' collerette,
Jusqu'à vingt-trois.

LA TOUSSAINT.

(Les Niflettes de Provins [1].)

—

Voilà mes petites, voilà mes grosses,
Voilà mes niflettes toutes chaudes !

C'est mon maître qui les fabrique
Pour contenter ses pratiques.
Arrivez tous, petits et grands,
Voyez, c'est tout chaud, tout bouillant!

Voilà mes petites, voilà mes grosses,
Voilà mes niflettes toutes chaudes !

[1] A Provins, depuis un temps immémorial, ce couplet est chanté, le jour de la Toussaint, par de jeunes marchands de niflettes. On nomme ainsi des pâtisseries chaudes et pleines de crème. Niflet est un surnom donné aux gourmets. Nifler, renifler, c'est flairer avec affectation.

Se régaler le 1ᵉʳ novembre, est-ce une réminiscence des repas funéraires des anciens? est-ce célébrer joyeusement la fête de tous les Saints?

(Note de M. TARBÉ.)

TEMPS DE PLUIE.

(Automne.)

—

Mouille, mouille, Paradis,
Tout le monde est à l'abri ;
N'y a que mon petit frère,
Qu'est sous la gouttière
A ramasser des p'tits poissons
Pour sa collation ;
La gouttière a défoncé,
Mon p'tit frère s'en est allé
Tout mouillé.

SAINT NICOLAS.

(Décembre.)

—

Voilà, voilà saint Nicolas,
Vous savez bien ce qu'il demande.
Voilà, voilà saint Nicolas,
Bons chrétiens, faites votre offrande.

Dans quelques cantons de Seine-et-Marne, les enfants chantaient ce couplet de porte en porte, le jour de la Saint-Nicolas, en quêtant à leur profit. A leur tête ils promenaient soit un petit enfant, soit un mannequin habillé en évêque.

(Note de M. TARBÉ.)

Saint Nicolas est aussi le patron de la Lorraine. La légende de saint Nicolas se chante dans le Beauvaisis et le Vermandois.

Le Calendrier des mamans.

Ma p'tit' fillett', c'est d'main sa fête !
Je sais pour ell' ce qui s'apprête :
Le boulanger fait un gâteau,
La couturière un p'tit manteau.

Tri reli reli relirette !
J'entends la petite alouette,
Qui va, qui vole, qui volète,
Qui voltige au ciel en chantant.

Chez les marchands grand'mère achète
Un' bell' poupée et sa toilette,
Son p'tit ménage et sa couchette,
Et puis six beaux p'tits moutons blancs,
Leur p'tit berger les mène aux champs.

Cité par M. Ch. Marelle
(*Bibliothèque universelle.*)

LES CADEAUX DU JOUR DE L'AN.

Voici venir le jour de l'an,
Que donn'rai-je à mon cher enfant?
Un p'tit tambour qui fait plan plan,
Un' bell' petit' trompi trompette,
Qui fait trara déri dérette,
    Trara, plan plan!

Voici venir le jour de l'an,
Que donn'rai-je à mon cher enfant?
Deux p'tits lapins couri courant,
Un p'tit tambour qui fait plan plan,
Un' bell' petit' trompi trompette,
Qui fait trara déri dérette,
    Trara, plan plan!

Voici venir le jour de l'an,
Que donn'rai-je à mon cher enfant?
Trois p'tits moutons bêli bêlant,
Deux p'tits lapins couri courant,
       Etc., etc.

Quat' p'tits moulins tourni tournant,
Trois p'tits moutons bêli bêlant,
       Etc., etc.

Cinq p'tits chevaux trotti trottant,
Quat' p'tits moulins tourni tournant,
       Etc., etc.

Voici venir le jour de l'an,
Que donn'rai-je à mon cher enfant?
Six p'tits soldats marchi marchant,
Cinq p'tits chevaux trotti trottant,
Quat' p'tits moulins tourni tournant,
Trois p'tits moutons bêli bêlant,
Deux p'tits lapins couri courant,
Un p'tit tambour qui fait plan plan,
Un' bell' p'tit' trompi trompette,
Qui fait trara déri dérette,

       Trara, plan plan!

Les Heures, les Cloches.

LES CLOCHES.

—

Orléans, Boisgency,
Notre-Dame de Cléry,
Vendôme! Vendôme!

—

LES CLOCHES.

—

Quel chagrin, quel ennui
De compter toute la nuit
Les heures! les heures!

Berceuses.

Dô Dô, l'enfant dô,
L'enfant dormira tantôt.

FAIS DODO.

Fais dodo,
Colin, mon p'tit frère,
Fais dodo,
T'auras du gâteau.
Papa en aura,
Maman en aura,
Et moi j'en aurai
Tout un plein panier.

(Poitou, Aunis, Angoumois, Saintonge.)

DORS, CHER PETIT.

—

Dors, cher petit, le plus beau de la terre,
Tu seras roi, tu seras capitaine,
Portant l'habit doré,
Et l'épée au côté ;
Et parfait en beauté,
Tu s'ras aimé des belles
Qui portent des dentelles,
Dans les salons cirés ;
Et puis à vingt-cinq ans
Mari de mademoiselle
La fille du Président.

PAPA L'A DIT.

—

Papa l'a dit : Fallait dormi',
Maman l'a dit : Fallait dormi',
Dodo, le petit,
Puisq'papa, maman l'ordonnent,
Dodo, petit,
Puisq'papa, maman l'ont dit.

—

BERCÉS PAR LA NUIT.

—

La maman berce ici son fils,
Au jardin l'air berce le lis.

L'arbre au bois chuchote et se penche,
En berçant l'oiseau sur sa branche.

Et puis l'arbre et l'air et le bruit,
Dorment tous, bercés par la nuit.

Ch. MARELLE.

LA DORMETTE [1].

Passez, la dormette,
Passez par chez nous
Endormir gars, fillettes,
La nuit et le jou'.

BUGEAUD.

[1] La dormette est cette bonne vieille femme qui verse, la nuit tombante, le sable et le sommeil dans les yeux des enfants.

LE COUVRE-FEU,

Rentrez, habitants de Paris,
Tenez-vous clos en vos logis ;
Que tout bruit meure,
Quittez ces lieux,
Car voici l'heure,
L'heure du couvre-feu.

(Les Huguenots.) SCRIBE et MEYERBEER.

LE GUET.

—

Guet ! bon guet !
Il a frappé douze heures ;
Guet ! bon guet !
Dormez dans vos demeures.

(Neufchâtel) BLAVIGNAC
(l'Empro genevois).

—

LE CLOCHETEUR[1].

—

(Le couplet du clocheteur s'est-il jamais adressé aux enfants ?
Il peut du moins figurer ici à titre de réminiscence, bien qu'il
contraste étrangement avec l'idée gracieuse de la dormette.)

Réveillez-vous, gens qui dormez,
Priez Dieu pour les Trépassés.

[1] Le clocheteur parcourait les rues une lanterne à la main.
Il criait les heures en psalmodiant le couplet ci-dessus, et en
ajoutant ces mots lugubres : Pensez à la mort !

LE MATIN.

—

Voici l'aurore,
La nuit s'enfuit;
Le ciel se dore,
Le soleil luit.

———

LE RÉVEIL.

—

J'ai bien dormi !
J'étais parti
Loin, loin d'ici !
Me revoici, —
Maman aussi, —
Mon Dieu, merci !

Ch. MARELLE.

QUAND N'ONT ASSEZ FAIT DODO.

Quand n'ont assez fait dodo
Ces petits enfançonnets,
Ils portent sous leurs bonnets
Visage plein de bobo.

C'est pitié s'ils font jojo
Trop matin, les doulcinets,
Quand n'ont assez fait dodo
Ces petits enfançonnets.

Mieux aimeraient à gogo
Gésir sur mols coussinets;
Car ils sont tant poupinets,

Hélas! que guoguo, guoguo,
Quand n'ont assez fait dodo
Ces petits enfançonnets.

Ch. D'ORLÉANS.

Risettes, Joies de la Mère.

RISETTE.

Clair œillon de rat,
Ris, doux scélérat.
Frais néchon de chat,
Ris, beau camusat.
Babinette nette,
Ris, dans ta barbette.
Bouchette rosette,
Montre la languette.
Ha ! ha ! la voilà !
La risette est là.

Charles MARELLE. (Le Petit Monde.
Hetzel, éditeur.)

COUCOU.

—

.Coucou? le voilà !
Où donc est papa ?
Il est dans les bois
Qui fait un fagot,
Et pour chauffer quoi ?
A mon cher pétiot
Son p'tit ventrelot,
Tro, lo, lo, lolo !

———

Chauffons ! chauffons !
Ma commère Jeanneton,
Prête-moi ton faucillon
Pour couper une épinette
Pour chauffer ma p'tite fillette.

(Normandie.) Communiqué par Alb. LAROCHE,
élève du collége Chaptal.

VENTRE DE SON.

—

Ventre de son,

Estomac de grue,

Falle [1] de pigeon,

Menton fourchu,

Bec d'argent,

Nez cancan [2],

Joue bouillie,

Joue rôtie,

P'tit œil,

Gros œil,

Soucillon,

Soucillette,

Cogne, cogne, cogne,

Cogne la mailloche.

E. GAGNON (*Chansons populaires du Canada.*
Québec, Desbaratz, édit. 1865.)

[1] Jabot.

[2] Les enfants dans leurs jeux font porter sur le nez, par manière de punition, à celui qui a fait une faute, une pince de bois. Le camarade, ainsi puni, ne peut plus parler que d'un ton nasillard, il a le nez *cancan* (?).

GRAND FRONT.

Grand front,
Petits yeux,
Gros yeux,
Nez croquant,
Bouche d'argent,
Menton fleuri,
Croquons l'ami.

BLAVIGNAC (*l'Empro genevois*).

Œillet, œillot,
Nez de cancan,
Boucotte d'argent.
Menton rond,

(Ce vers échappe aux souvenirs de la personne qui nous dicte ce morceau.)

Tope maillot.

(Franche-Comté.)

NEZ CANCAN.

—

Nez cancan,
Bouche d'argent,
Menton d'or,
Joue rôtie,
Joue brûlée,
P'tit œillet,
Grand œillet,
Toc toc, maillet.

(Recueilli à Paris.)

MENTON D'OR.

—

Menton d'or,
Bouche d'argent,
Nez kinkin,
Joue brûlée,
Joue grillée,
Petite entente,
Grande entente,
Petit œillet,
Grand œillet,
Toc, toc,
Maillet.

(Joigny [Yonne].)
La Mélusine. Communiqué par M. ROLLAND.

LES DOIGTS.

Celui-là (le pouce) a été à la chasse,
Celui-là (l'index) l'a tué,
Celui-là (le majeur) l'a plumé,
Celui-là (l'annulaire) l'a fait cuire,
Et celui-là (l'auriculaire) l'a tout mangé,
tout mangé, tout mangé.

E. GAGNON (*Chansons populaires du Canada.*
Québec, Desbaratz, édit. 1865.)

C'est le petit glin glin[1] !
Qui fait le tour du moulin,
Qui lave les écuelles
Et casse les plus belles.
Et qui fait miau, miaou !
Miau ! miaou ! miaou !

(Franche-Comté).

[1] Le petit doigt (de l'allemand *klein*).

LES DOIGTS.

—

C'est lui qui va à la chasse,
C'est lui qui a tué le lièvre,
C'est lui qui l'a fait cuire,
C'est lui qui l'a mangé.
Et le petit glin glin,
Qui était derrière le moulin,
Disait : Moi, j'en veux, j'en veux,
J'en veux ! j'en veux ! j'en veux !

(Franche-Comté et Genève.)

—

Ainsi font, font,
Les petites marionnettes.
Ainsi font, font,
Trois petits tours.
Et puis s'en vont.

(Franche-Comté et Genève.)

MON POUPON CHÉRI.

Vous voulez me prendre
Mon joli poupon ;
Non pas, non, non !
Il faut me le rendre.

Mon poupon chéri,
Moi je l'ai pétri
Des meilleures choses,
De lis et de roses,
De sucre et de lait :
On le croquerait.

Vous voulez me prendre
Mon joli poupon ;
Non pas, non, non !
Il faut me le rendre.

J'ai pris pour ses yeux
Deux myosotis bleus ;
J'ai fait sa bouchette
D'un bec de fauvette.
Et pour qui, pourquoi ?
Pour rien que pour moi.

Ch. MARELLE. (Le Petit Monde.
Hetzel, éditeur.)

PETIT PIED ROSE.

Petit pied, petit pied rose
De mon bien-aimé qui dort,
Toi qui vacilles encor
Quand par terre je te pose ;
Alors que tu marcheras,
Petit pied, petit pied rose,
Alors que tu marcheras,
Qui sait où tu passeras !

Jacques NORMAND.

LA MÈRE.

Un enfant reposait dans les bras de sa mère,
Sa bouche s'agitait et s'ouvrait à demi,
Il riait à son ange ; elle, oubliant la terre,
Souriait en silence à son fils endormi.

Mais — des jeux maternels, ô sourire éphémère ! —
Elle voila bientôt son visage attendri;
Des pleurs mystérieux emplirent sa paupière, —
Quelle mère ne pleure après avoir souri ?

Coulez, célestes pleurs que l'amour fait répandre !
L'enfant, s'il vous voyait, ne vous pourrait comprendre
Mais Dieu vous voit, vous compte et connaît votre prix

Baignez l'enfant qui dort, larmes saintes et pures !
Qui sait que de douleurs, de fautes, de souillures,
Les larmes d'une mère épargnent à son fils !

A. de Ségur.

Les Contes de la Nourrice.

RANDONNÉES.

—oo;o;oo—

LA CHANSON DE LA POULE GRISE.

—

'L était un' p'tit' poule grise
Qu'allait pondre dans l'église,
   Pondait un p'tit coco
Que l'enfant mangeait tout chaud.

'L était un' p'tit' poule blanche
Qu'allait pondre dans la grange,
   Pondait un p'tit coco
Pour l'enfant qui fait dodo.

'L était un' p'tit' poule jaune
Qu'allait pondre sous la geôle,
   Pondait un p'tit coco
Que l'enfant mangeait tout chaud.

LA CHANSON DE LA POULE GRISE

(telle qu'elle se chante encore aujourd'hui au Canada).

C'est la poulette grise
Qui pond dans l'église.
Ell' va pondre un beau p'tit coco
Pour son p'tit qui va fair' dodiche;
Ell' va pondre un beau p'tit coco
Pour son p'tit qui va fair' dodo,
    Dodiche, dodo.

C'est la poulette blanche
Qui pond dans les branches.
Ell' va pondre un beau p'tit coco, etc.

C'est la poulette noire
Qui pond dans l'armoire.
Ell' va pondre un beau p'tit coco, etc.

C'est la poulette verte
Qui pond dans les couvertes.
Ell' va pondre un beau p'tit coco, etc.

C'est la poulette brune
Qui pond dans la lune.
Ell' va pondre un beau p'tit coco, etc.

C'est la poulette jaune
Qui pond dans les aulnes.
Ell' va pondre un beau p'tit coco
Pour son p'tit qui va fair' dodiche;
Ell' va pondre un beau p'tit coco
Pour son p'tit qui va fair' dodo,
    Dodiche, dodo.

E. GAGNON (Chansons populaires du Canada.
Québec, Desbaratz, éditeur. 1865.)

EN RENTRANT DANS LA CHAMBRE VERTE.

Randonnée.

—

En rentrant dans la petite chambre verte,
J'ai trouvé Minette
Qui avait ma houlette.
Je lui ai dit : Minette,
Rends-moi ma houlette ?
— Je te rendrai pas ta houlette,
Avant d'avoir du lait.
— J' m'en vais à ma vache :
Vach' donne-moi du lait ?
— Je te donnerai pas du lait,
Avant que tu m'aies donné de l'herbe.
— Je m'en vais à ma faux :
Faux, donne-moi de l'herbe ?
— Je te donnerai pas de l'herbe,
Avant que tu m'aies donné du lard ?
— J' men vais à mon cochon :
Cochon donne-moi du lard ?

— Je te donnerai pas du lard,

Avant que tu m'aies donné des glands.

— Je m'en vais au chêne :

Chên', donne-moi des glands?

— Je te donnerai pas de glands,

Que tu m'aies donné du vent.

— Je m'en vais au temps :

Temps, donne-moi du vent?

Le temps a tant venté,

A tant venté mon chêne,

Le chên' m'a-t-englandé,

J'ai englandé mon cochon,

Mon cochon m'a-t-enlardé,

J'ai enlardé ma faux,

Ma faux m'a-t-enherbé,

J'ai-t-enherbé ma vache,

Ma vach' m'a-t-allaité,

J'ai allaité Minette,

A m'a rendu ma houlette.

(Poitou.)

Jér. BUJEAUD. (Chansons populaires
des Provinces de l'Ouest. Niort,
Clouzot; Paris, Aug. Aubry, édit.)

AH! TU SORTIRAS BIQUETTE.

Randonnée.

—

Ah ! tu sortiras, biquette, biquette,
Ah! tu sortiras de ces choux-là.

Il faut aller chercher le loup,
Le loup n' veut pas manger biquette,
Biquett' n' veut pas sortir des choux.

Ah ! tu sortiras, biquette, biquette,
Ah ! tu sortiras de ces choux-là.

Il faut aller chercher le chien.
Le chien n' veut pas mordre le loup,
Le loup n' veut pas manger biquette,
Biquett' n' veut pas sortir des choux.

Ah ! tu sortiras, biquette, biquette,
Ah ! tu sortiras de ces choux-là.

Il faut aller chercher l' bâton,
L' bâton ne veut pas battre le chien,
Le chien n' veut pas mordre le loup,
Le loup n' veut pas manger biquette,
Biquett' n' veut pas sortir des choux.

Ah ! tu sortiras, biquette, biquette,
Ah ! tu sortiras de ces choux-là.

Il faut aller chercher l' fermier (*bis*),
L' fermier veut bien prend' le bâton,
L' bâton veut bien battre le chien,
Le chien veut bien mordre le loup,
Le loup veut bien manger biquette,
Biquett' veut bien sortir des choux.

Ah ! tu sortiras, biquette, biquette,
Ah ! tu sortiras de ces choux-là.

IL SORTAIT UN RAT DE SA RATTERIE.

Il sortait un rat de sa ratterie,
Qui fit rentrer la mouch' dans sa moucherie,
Rat à mouche,
Belle, belle mouche,
Jamais je n'ai vu si belle mouche.

Il sortit un chat de sa chatterie,
Qui fit rentrer le rat dans sa ratterie.
Chat à rat,
Rat à mouche,
Belle, belle mouche,
Jamais je n'ai vu si belle mouche.

Il sortit un chien de sa chiennerie,
Qui fit rentrer le chat dans sa chatterie.
Chien à chat,
Chat à rat,
Rat à mouche, etc.

Il sortit un loup de sa louperie,
Qui fit rentrer le chien dans sa chiennerie.
Loup à chien,
Chien à chat,
Chat, etc.

Il sortit un ours de son ourserie,
Qui fit rentrer le loup dans sa louperie.
Ours à loup,
Loup à chien,
Chien, etc.

Il sortit un lion de sa lionnerie,
Qui fit rentrer l'ours dans son ourserie.
Lion à ours,
Ours à loup,
Loup, etc.

Il sortit un homme de son hommerie,
Qui fit rentrer le lion dans sa lionnerie.
Homme à lion,
Lion à ours,
Ours à loup,

Loup à chien,
Chien à chat,
Chat à rat,
Rat à mouche,
Mouche, belle mouche,
Jamais je n'ai vu si belle mouche.

LE BAL DES SOURIS.

—

Dans un salon, tout près d'ici,
'L y a-t-un' société de souris.
        Gentil coquiqui,
Coco des moustaches, mirbo joli,
        Gentil coquiqui.

'L y a-t-un' société de souris,
Qui vont au bal toute la nuit.
        Gentil coquiqui, etc.

Qui vont au bal toute la nuit,
Au bal et à la comédie.
        Gentil coquiqui, etc.

Au bal et à la comédie,
Le chat saute sur les souris.
Gentil coquiqui, etc.

Le chat saute sur les souris,
Il les croqua toute la nuit.
Gentil coquiqui, etc.

Il les croqua toute la nuit (*bis*);
Le lendemain tout fut fini.
Gentil coquiqui,
Coco des moustaches, mirbo joli,
Gentil coquiqui.

(Bas-Poitou.)

LA CHANSON DU CHAT QUI SE FAIT BEAU.

Le chat à Jeannette
Est une jolie bête;
Quand i' veut se faire beau,
I' se lèche le museau,
Avèque sa salive
Ile fait la lessive.

DANS LE BOIS DE NOTRE-DAME.

—

Dans le bois de Notre-Dame
Notre-Dame est accouchée
D'un petit enfant doré.
Qui est-ce qui sera le parrain?
Ce sera un brin de foin.
Qui est-ce qui sera la marraine?
Ce sera un brin d'avouène.
Qui est-ce qui sera le curé?
Ce sera un vieux panier.
Qui est-ce qui sera l'enfant d' chœur?
Ce sera un petit pot d' beurre.
Qui est-ce qui sera le maître d'école?
Ce sera une poire molle.
Qui est-ce qui sera le bedeau?
Ce sera un vieux tonneau.

(Seine-et-Marne.)
La Mélusine. Communiqué par M. E. ROLLAND.

LES JOURS.

—

Bonjour Lundi,
Comment va Mardi ?
Très-bien, Mercredi ;
Je viens de la part de Jeudi,
Dire à Vendredi,
Qu'il s'apprête Samedi,
Pour aller à la messe Dimanche.

(Sens [Yonne].)
La Mélusine. Communiqué par M. E. ROLLAND.

(Le couplet suivant se dit à la fin de tous les contes faits aux enfants.)

J'ai passé par la porte Saint-Denis,
J'ai marché sur la queue d'une souris,
La souris a fait cri cri,
Et mon petit conte est fini.

(Recueilli à Paris.)

Formulettes. — Jeux.

A cheval, à cheval,
Sur la queue d'un orignal[1].

A Rouen, à Rouen,
Sur la queue d'un p'tit cheval blanc.

A Paris, à Paris,
Sur la queue d'un' p'tite souris.

A Versailles, à Versailles,
Sur la queue d'un' grand' vach' caille[2].

E. GAGNON. (*Chansons populaires du Canada.*
Québec, Desbaratz, édit. 1865.)

[1] L'orignal est l'élan, le renne du Canada.
[2] La vache caille, de couleur diverse.

LE BOUTE-SELLE DES BOURGUIGNONS.

(1435-1477.)

—

A cheval, gendarmes !
A pied, Bourguignons !
Patapon !
Allons en Champagne !
Les avoines y sont,
Y courons !

Ce couplet, que j'ai recueilli à Reims, se chante en faisant danser un enfant à cheval sur les genoux. Il date probablement des guerres des ducs de Bourgogne contre les rois de France, auxquels la Champagne appartenait. Cette province les séparait des villes de la Somme que Charles VII avait remises à Philippe le Bon, en 1435.

(Note de M. TARBÉ.)

PIL' POMMES D'OR[1].

(Qui le sera ?)

Pil' pommes d'or
A la révérence !
Il y a trois rois[2]
Qui se battent en France.
Allons, mes amis,
La guerre est finie.
Pil' pommes d'or
Te voilà dehors.

[1] Ce couplet est encore chanté par les enfants de Reims lorsqu'il s'agit de désigner par la voie du sort celui qui, dans un jeu quelconque, doit remplir une corvée. En articulant chaque syllabe, on touche du doigt la poitrine d'un des joueurs, et celui sur lequel tombe la fin du mot *dehors* est libéré. On continue ainsi jusqu'à ce qu'il ne reste plus qu'un joueur, qui devient corvéable.

Cette chansonnette est une réminiscence de la guerre des trois Henri : Henri III, roi de France ; Henri de Bourbon, roi de Navarre, et Henri de Lorraine, duc de Guise, qui n'était pas roi, mais ne demandait qu'à le devenir. Les trois Henri périrent assassinés. Triple honte pour la France ! triple châtiment de nos guerres civiles !   (Note de M. TARBÉ.)

[2] Les trois rois cités dans cette formulette ne sont pas les mêmes que ceux dont parle le quatrain suivant, qui remonte cependant à la même époque :

Par l'œil, l'oreille et par l'espaule,
Dieu a tué trois rois de Gaule.
Par l'oreille, l'espaule et par l'œil,
Dieu a mis trois rois au cercueil.

BATAILLE.

—

Qu'est c'qu'il y a là ?
   — Un trésor.
   — Qui l'a mis ?
   — Jean d'Paris.
   — Qui l'ôt'ra ?
   — Jean d'Jarnac.
La bataille, la bataille.

BUGEAUD.

Ces trois rois sont :

« Henri II, roy de France, blessé d'un éclat de lance dans
« l'œil, le 30 juin 1559, joûtant dans la rue Saint-Antoine, à Pa-
« ris, contre Gabriel, comte de Montmorency, capitaine de la
« garde écossaise, dont il mourut au palais des Tournelles le
« 10 juillet suivant.

« François II, roy de France, mort aux estats d'Orléans, le
« 5 décembre 156), d'un apostume à l'oreille, âgé de 17 ans.

« Antoine de Bourbon, roy de Navarre, blessé à la tranchée,
« au siége de Rouen, d'un coup de mousquet à l'épaule gauche
« dont il mourut à Landely, le 17 novembre 1562. »

Manuscr. de GAIGNIÈRES. Prov. franç.
(cité par LEROUX DE LINCY).

BOURGUIGNON SALÉ.

(Qui le sera ?)

Bourguignon salé,
L'épée au côté,
La barbe au menton,
Saute, Bourguignon.

UNE POULE SUR UN MUR.

(Qui le sera ?)

Une poule sur un mur,
Qui pigoce du pain dur,
Pigoci,
Pigoça,
P'tit enfant, ôt'-toi de là.

(Poitou.)

QUI LE SERA?
(Jeu de Cligne-Musette.)

Une, midus,-mitrès,-miquatre,
Ja-cobin-voulait-se battre,
Il s'est-battu,-il s'est-rossé,
Il s'est-jeté-dans un-fossé,
Les-grenouil-les l'ont-mangé,
Les-crapauds-l'ont a-chevé.

Entrez !

Sortez !

Deux enfants se tiennent l'un l'autre au menton et chantent :

Je te tiens,

Tu me tiens,

Par la margoulette[1].

Le premier

Qui rira

Aura la claquette.

Communiqué par M. ROLLAND.

[1] La margoulette, le mot vient de mar- et goulette, « *gueu-lette* » : la mauvaise petite gueulette.

CATCANI.

Une, deux, et trois et quatre
Catcani[1] m'a voulu battre,
Je l'ai voulu battre aussi !
Catcani s'est enfui.

[1] Serait-ce une corruption de *cat d'seuris,* nom patois de la chauve-souris ?

Chansons du Cambrésis. — DURIEUX et BRUYELLES.

Un, demi-deux, demi-trois, demi-quatre,
Coup d' canif m'a voulu battre,
Je l'ai voulu battre aussi,
Coup d' canif s'en est enfui
Par la porte Saint-Denis.

(Entendu chaussée Clignancourt, à Paris).

A Paris, *Catcani* est devenu : Coup de canif ! — K.

QUI LE SERA?

—

Un pot
Cassé,
Racco-
modé,
Ne vaut
Plus rien
Pour boire.

(Picardie.)

A l' dans' des mulots, Martin, mulettes,
Qu'est-ce qui pass' par les baguettes.
A mu!

« Ce chant, que nous avons retrouvé à Bruxelles en 1844, et
« qui est connu aussi à Valenciennes, est encore une espèce de
« jeu. Se tenant par la main, les chanteurs tournent en rond
« sur un mouvement modéré; arrivés au mot *a mu!* ils s'abais-
« sent tous brusquement et d'un commun mouvement, comme
« s'ils voulaient s'asseoir sur leurs talons, et se relèvent aus-
« sitôt pour recommencer le chant; ce qui peut avoir lieu un
« nombre de fois indéfini. »

(Cambrai.) DURIEUX et BRUYELLES.

COMPTER.

—

Un, deux, trois,
J'irai dans le bois,
Quatre, cinq, six,
Cueillir des cerises,
Sept, huit, neuf,
Dans mon panier neuf,
Dix, onze, douze,
Elles seront toutes rouges.

(Franche-Comté, Genève.)

———

Moi,
Toi
Et le Roi
Nous faisons Trois.

(Franche-Comté, Genève.)

COMPTER.

—

Un, deux, trois,

La culotte en bas;

Quatre, cinq, six,

Levez la chemise;

Sept, huit, neuf,

Tapez sur le bœuf;

Dix, onze, douze,

Il a les fesses toutes rouges.

(Yonne, Seine-et-Oise.)
La Mélusine. Communiqué par M. E. ROLLAND.

Quoi?
Coi — coi
Les corbeaux sont au bois.

COMPTER.

—

En passant par la cuisine,

De monsieur Portefarine,

J'entendis qu'il rôtissait,

Trois douzaines de p'tits poulets.

J'ai demandé pour qui c'était,

On m'a dit qué c'était pour mon père.

Mon père m'en a fait goûter,

J' les ai trouvés trop salés.

(Un, deux, trois, quatre, cinq, six, sept, huit, neuf, dix,
onze, douze.)

Mouche ton nez,

Petit effronté.

Arlequin,

Mouch' le tien.

(Recueilli à Paris.)

COMPTER.

—

Un petit chien demandant sa vie,
En passant par ce pays-ci,
Pont une, c'est pour toi la prune ;
Pont deux, c'est pour toi les œufs ;
Pont trois, c'est pour toi la noix ;
Pont quatre, c'est pour toi la claque ;
Pont cinq, c'est pour toi la seringue ;
Pont six, c'est pour toi les cerises ;
Pont sept, c'est pour toi l'assiette ;
Pont huit, c'est pour toi les huîtres ;
Pont neuf, c'est pour toi le bœuf.

(Paris.)

RAISIN, RAISIN.

—

Raisin, raisin,
A bon marché,
Les quatre cents
Pour un denier;
C'est le ci,
C'est le là,
Ma grand'mère
Nous y voilà.

La Mélusine. Communiqué par M. E. ROLLAND.

QUI LE SERA?

—

Une pomme d'or
Est faite en or.
Saint Pierre, saint Simon,
Gardez bien notre maison,
S'il y vient un pauvre,
Donnez-lui l'aumône;
S'il y vient un capucin,
Donnez-lui un verre de vin;
S'il y vient un larron,
Donnez-lui cent coups de bâton.

(Pays messin.)
La Mélusine. Communiqué par M. E. ROLLAND.

A L'ÉPAYELLE.

A l'épayelle,
Tout du long du ciel,
Tout du long du paradis,
Saut'! saut'! saut' souris!

Deux enfants, placés côte à côte, enlacent leurs deux mains de façon à former une espèce de siége sur lequel un troisième joueur s'assied tenant de chacun de ses bras le col de ses porteurs. Ceux-ci marchent en mesure, en chantant le refrain précédent, et au dernier vers font sauter trois fois leur fardeau.

(Cambrai.) DURIEUX et BRUYELLES.

TRIBONOT.

Passe, passe, Tribonot,
Par la porte de Saint-Jacques;
Passe, passe, Tribonot,
Par la porte de Saint-Jacquot.

Le tribonot est un jeu d'enfants dans lequel on prend plusieurs cerises dont les queues sont soudées par trois ou par deux à leur point d'insertion sur le rameau de l'arbre, après quoi on fait tourner entre les doigts deux des cerises, de manière que la troisième, ou la soudure seulement, quand il n'y a que deux cerises, fasse la culbute sous cette espèce d'arcade.

PASS' CLARINETTE.

Pass' clarinette
En double, en double,
Pass' clarinette
En doublera
Le dernier
(La dernière)
Y restera.

Deux enfants se regardant, se prennent les mains, droite avec droite, gauche avec gauche. L'un d'eux, levant son bras droit au-dessus de sa tête, passe sous ce bras d'abord, puis sous le gauche, en faisant un tour sur lui-même, et se retrouve dans sa première position.

Sans lui donner le temps de la reprendre complétement, le second exécute la même manœuvre en commençant cette fois par le bras gauche. Le premier reprend ensuite et successivement jusqu'à ce que l'un des joueurs soit fatigué.

Saisissant le moment où son partenaire a le bras levé, il abaisse brusquement le sien et prend ainsi, comme dans un lacet, la tête de son camarade, en ajoutant en même temps les dernier mots à ceux du refrain habituel.

LA PERNETTE.

(Coccinelle.)

—

Une pernette blanche,
Qui court dans ma manche;
Une pernette bleue,
Qui court dans les cieux.
Adieu!
Sors du jeu!

BLAVIGNAC
(*l'Empro genevois*).

LE CHAPELET.

J'ai été sur la montagne,

J'y ai trouvé un chapelet[1]

Couvert de roses et de muguets.

Qui les a mis? C'est ma compagne :

Les roses sont rouges,

Les muguets sont bleus.

Sors la première, va aux cieux !

BLAVIGNAC (l'Empro genevois).

[1] Chapelet, pris dans l'acception de couronne, petit chapeau.
(Note de M. BLAVIGNAC.)

LES ÉCOLIERS A L'ASSAUT.

—

A l'assaut!
Saut! saut! saut!
Contre les nouveaux!
A l'assaut!
Les nouveaux
Sont des tonneaux
Pleins de vin
Pour les anciens!

BLAVIGNAO
(*l'Empro genevois*).

PETIT BONHOMME VIT ENCORE!

—

En donnant le brandon allumé à son voisin, on ne doit pas oublier la formule :

> Martin vit,
> Vit-il toujours ?
> Toujours il vit.

BLAVIGNAC
(l'Empro genevois).

Dans le pays messin, le brandon est une simple allumette que l'on se passe en se disant :

> Je vous vends mon allumette,
> Toute vivante, toute vivelette.

> Je vous prends votre allumette,
> Toute vivante, toute vivelette.

(Pays messin.)
Communiqué par M. ROLLAND.

A l'herbette
Joliette,
Celui qui les aura
Le sera !

A B C D
La vache a fait le vé[1] ;
Le vé s'est en sauvé,
La vache a pleuré ;
Le vé est revenu,
La vache a rizu ;
Sauva té.

BLAVIGNAC
(l'Empro genevois).

[1] Le veau.

LA CACHETTE.

Un enfant cherche un objet caché à dessein, ses camarades
lui disent :

Cherche, cherche, papillon,
Tu es bien loin de ta maison !

(Franche-Comté.)

JEU DE CACHE, CACHE.

Cache, cache, to, ti,
Cache, cache, to, ta ;
L'attrapera-t-il ?
L'attrapera-t-a ?
Cache, cache, ro, ro,
Il ne l'aura pô.
Cache, cache, ra, ra,
Il ne l'aura pas.

(Toul.)

GENEVIÈVE DE PARIS.

Geneviève de Paris,
Prête-moi tes souliers gris
Pour aller en paradis;
On dit qu'il y fait si beau,
Qu'on y voit les quatre agneaux.
Pim! pim! Pomme d'or!
La plus belle est en dehors!

BLAVIGNAC
(*l'Empro genevois*).

JUSTINE DE VIRIEUX.

Justine de Virieux,
Prête-moi tes souliers bleus
Pour aller en paradis,
On dit que c'est si beau,
Qu'on y voit de petits oiseaux
Qui piquent le pain bénit.
Pi! pi! pi!

BLAVIGNAC
(*l'Empro genevois*).

Les enfants en jouant pilent le millet (meillot ou plâ) dans nos rues en se renversant alternativement dos contre dos, et en se disant :

> Pilez les grus
> — Je n'en peux plus !
> Pilez le plâ,
> — Je n'en peux mâ (mais) !
>
> Dr PIERRON.
> Proverbes franc-comtois.

> Passez par ici et moi par là,
> Foulons l'herbe, foulons l'herbe.
> Passez par ici, et moi par là,
> Foulons l'herbe, elle reviendra.
>
> (Normandie.)

Ce couplet est une des nombreuses variantes des deux vers cités plus fréquemment :

> Pilons, pilons, pilons l'orge,
> L'orge pilée reviendra.

QUI VA A LA CHASSE.

—

C'est aujourd'hui la Saint-Hubert,
Qui quitte sa place la perd.
C'est aujourd'hui la Saint-Laurent,
Qui quitte sa place la reprend.

Qui va à la chasse
Perd sa place;
— Qui revient
Chasse le coquin.

La revue *la Mélusine.*

LE LOUP.

LA RONDE.

Qu'on est bien
Dans le bois,
Quand le loup
N'y est pas !

UN ENFANT.

Loup y es-tu ?

LE LOUP.

Je mets ma tête.

LA RONDE.

Qu'on est bien
Dans le bois,
Quand le loup
N'y est pas !

UN ENFANT.

Loup y es-tu ?

LE LOUP répond successivement.

Je mets mes dents,
Je mets mes bras,
Je mets mes jambes,
Je mets mes souliers,
Je mets mes cornes.

Quand le loup a fini de s'accoutrer, il répond : Oui. Les enfants se dispersent et celui qui est attrapé par le loup devient loup à son tour, et la ronde recommence.

LE LOUP.

—

(Les enfants se tiennent à la queue leu-leu, l'un d'eux qui
fait le loup, se place en face du premier. Ils chantent :

Promenons-nous le long du bois,
Pendant que le loup n'y est pas.
— Loup y es-tu ?
— Oui.
— Qu'est-ce que tu fais ?
— Je fass' du feu.
— Pourquoi faire ce feu ?
— Pour faire chauffer de l'eau.
— Pourquoi faire cette eau ?
— Pour repasser mon couteau.
— Pourquoi faire ce couteau ?
— Pour tuer un de tes agneaux.
— Qu'est-ce qu'il t'a fait ?
— Il a mangé mes choux.

Chacun montre ses deux pieds, et tous se tiennent l'un derrière l'autre. Tous disent : Est-ce celui-là ? Est-ce celui-ci ? Il
faut que le loup attrape le dernier.

(Paris.)

LE CORDONNIER.

—

LE CORDONNIER: Hélas! mesdames,
Où allez-vous comme ça?
LES DAMES: Beau cordonnier,
Nous allons nous prom'ner.

LE CORDONNIER: Hélas! mesdames,
Vous us'rez vos souliers.
LES DAMES: Beau cordonnier,
Vous les raccommod'rez.

LE CORDONNIER: Hélas! mesdames,
Qui est-c' qui me les pai'ra?
LES DAMES (*s'enfuyant*): Beau cordonnier,
Cell' que vous attraperez[1].

DURIEUX.

[1] Le cordonnier court après les dames. Il embrasse celle qu'il attrape la première, et le jeu recommence.

MA MÈRE M'ENVOIE-T-AU MARCHÉ.

—

Ma mèr' m'envoie-t-au marché, } (bis)
C'est pour des sabots acheter ;
Mes sabots font dig' don daine,
Dig' don dain' font mes sabots.
Je n' suis pas marchand', ma mère,
Pour des sabots acheter.

Ma mèr' m'envoie-t-au marché, } (bis)
C'est pour une flûte acheter ;
Ma flûte fait turlututu,
Mes sabots font dig' don daine,
Dig' don dain' font mes sabots.
Je n' suis pas marchand', ma mère,
Pour une flûte acheter.

Ma mèr' m'envoie-t-au marché, } (bis)
C'est pour un tambour acheter ;
Mon tambour fait bour, bour, bour,
Ma flûte fait turlututu,
Mes sabots, etc.

Ma mèr' m'envoie-t-au marché,
C'est pour un violon acheter ; } *(bis)*
Mon violon fait zin, zin, zin,
Mon tambour fait bour, bour, bour,
Ma flûte, etc.

Ma mèr' m'envoie-t-au marché,
C'est pour une poule acheter ; } *(bis)*
Ma poule fait cot', cot', cot',
Mon violon fait zin, zin, zin,
Mon tambour, etc.

Ma mèr' m'envoie-t-au marché,
C'est pour un beau coq acheter ; } *(bis)*
Mon coq fait coquerico,
Ma poule fait cot', cot', cot',
Mon violon, etc.

Ma mèr' m'envoie-t-au marché,
C'est pour une cane acheter ; } *(bis)*
Ma cane fait coin, coin, coin,
Mon coq fait coquerico,
Ma poule, etc.

Ma mèr' m'envoie-t-au marché, ⎫
C'est pour une dinde acheter; ⎬ *(bis)*
Ma dinde fait giou, giou, giou,
Ma cane fait coin, coin, coin,
Mon coq, etc.

Ma mèr' m'envoie-t-au marché, ⎫
C'est pour un âne acheter; ⎬ *(bis)*
Mon âne fait hi han, hi han,
Ma dinde fait giou, giou, giou,
Ma cane, etc.

Ma mèr' m'envoie-t-au marché; ⎫
C'est pour une fille acheter; ⎬ *(bis)*
Ma fille fait lire lan laire !
Mon âne fait hi han, hi han,
Ma dinde fait giou, giou, giou,
Ma cane fait coin, coin, coin,
Mon coq fait coquerico,
Ma poule fait cot', cot', cot',
Mon violon fait zin, zin, zin,
Mon tambour fait bour, bour, bour,
Ma flûte fait turlututu,

Mes sabots font dig' don daine,
Dig' don dain' font mes sabots.
Je suis bien marchand', ma mère,
Pour une fille acheter [1].

(Poitou, Saintonge.)

[1] Quand c'est une bachelette qui chante, la *fille* devient un mari.

MON PÈRE M'ENVOIE AU MARCHÉ.

Mon pèr' m'envoie au marché,
C'est pour un' poule acheter.
Ma poule fait qui ri qui qui !

Mon pèr' m'envoie au marché,
C'est pour un coq acheter.
Mon coq fait co ro co co !
Ma poul' fait qui ri qui qui.

Autant de couplets que d'animaux.

AU VIN, J'AI LAISSÉ.

Au vin, j'ai laissé mon bonnet,
Au vin, j'ai laissé mon bonnet,
Et mon bonnet au perroquet.
    Au vin, ma commère,
    Au vin, au bon vin.   *(bis)*

Au vin, j'ai laissé mon collet, *(bis)*
Et mon collet violet, *(bis)*
Et mon bonnet, etc.

Au vin, j'ai laissé mon gilet, *(bis)*
Et mon gilet de blanc basin, *(bis)*
Et mon collet, etc.

Au vin, j'ai laissé mes culottes, *(bis)*
Et mes culott's fait's à la mode, *(bis)*
Et mon gilet, etc.

Au vin, j'ai laissé mes jarr'tières, *(bis)*
Et mes jarr'tièr's fait's à houppettes, *(bis)*
Et mes culottes, etc.

7

Au vin, j'ai laissé mes beaux bas, *(bis)*
Et mes beaux bas rouges incarlate (écarlate), *(bis)*
Et mes jarr'tières, etc.

Au vin, j'ai laissé mes belles blouques (boucles), *(bis)*
Et mes bell's blouqu' fait's à quatr' coins, *(bis)*
Et mes beaux bas, etc.

Au vin, j'ai laissé mes souliers, *(bis)*
Et mes souliers de noir satin, *(bis)*
Et mes bell's blouques fait's à quatr' coins, *(bis)*
Et mes beaux bas rouges incarlate, *(bis)*
Et mes jarr'tier's fait's à houppettes, *(bis)*
Et mes culott's fait's à la mode, *(bis)*
Et mon gilet de blanc basin, *(bis)*
Et mon collet violet, *(bis)*
Et mon bonnet au perroquet.
    Au vin, ma commère,   ⎱
    Au vin, au bon vin.   ⎰ *(bis)*

MON PÈRE ÉTAIT TAILLEUR DE BOIS.

—

On passe successivement en revue les diverses parties du costume masculin en nommant un nouveau vêtement chaque fois que l'on recommence le couplet.

On chante en se tenant par la main et en dansant en rond jusqu'après le vers :

Il faisait toudis (toujours) chela.

On s'arrête alors pour faire le simulacre de mettre le vêtement nommé ; même jeu pour les reprises. On recommence toujours de la même manière.

Mon père était tailleur de bois,
Un' bell' casaque il avait,
Falalirette, (*bis*)
Un' bell' casaque il avait,
Falalirette,
Lironfa !
Il faisait toudis chela (*on fait le geste*),
Falalirette,
Falalirette,
Il faisait toudis chela !
Falalirette,
Lironfa !

Mon père était tailleur de bois,
Un beau gilet il avait,
Falalirette,
Un beau gilet il avait,
Falalirette,
Lironfa !
Il faisait toudis chela,
Falalirette,
Falalirette,
Il faisait toudis chela !
Falalirette,
Lironfa !

LES DONS DE L'AN.
(Randonnée.)

—

Le premier mois de l'an, que donner à ma mie ? (*bis*)
    Une perdriolle, (*bis*)
    Une perdriolle
  Qui vole et vole et vole,
    Une perdriolle
      Qui vole   (*bis*)
    Du bois au champ.

Le deuxième mois de l'an, que donner à ma mie ? (*bis*)
    Deux tourterelles, (*bis*)
    Une perdriolle
  Qui vole et vole, etc.

Le troisième mois de l'an, que donner à ma mie ? (*bis*)
    Trois ramiers de bois, (*bis*)
    Deux tourterelles, (*bis*)
    Une perdriolle, etc.

Le quatrième mois de l'an, que donner à ma mie? (*bis*)
    Quatre canards volants en l'air, (*bis*)
    Trois ramiers de bois, (*bis*)
    Deux tourterelles, etc.

Le cinquième mois de l'an, que donner à ma mie? (*bis*)
    Cinq lapins trottant par terre, (*bis*)
    Quatre canards volants en l'air, (*bis*)
    Trois ramiers, etc.

Le sixième mois de l'an, que donner à ma mie? (*bis*)
    Six lièvres aux champs, (*bis*)
    Cinq lapins trottant par terre, (*bis*)
    Quatre canards, etc.

Le septième mois de l'an, que donner à ma mie? (*bis*)
    Sept chiens courants, (*bis*)
    Six lièvres aux champs, (*bis*)
    Cinq lapins etc.

Le huitième mois de l'an, que donner à ma mie? (*bis*)
    Huit moutons tondus, (*bis*)
    Sept chiens courants, (*bis*)
    Six lièvres, etc.

Le neuvième mois de l'an, que donner à ma mie? (*bis*)
    Neuf bœufs cornus, (*bis*)
    Huit moutons tondus, (*bis*)
    Sept chiens, etc.

Le dixième mois de l'an, que donner à ma mie? (*bis*)
    Dix bons dindons, (*bis*)
    Neuf bœufs cornus, (*bis*)
    Huit moutons, etc.

Le onzième mois de l'an, que donner à ma mie? (*bis*)
        Onze bons jambons (*bis*)
        Dix bons dindons, (*bis*)
        Neuf bœufs, etc.

Le douzième mois de l'an, que donner à ma mie? (*bis*)
        Douze bons larrons [1], (*bis*)
        Onze bons jambons,
        Dix bons dindons,
        Neuf bœufs cornus,
        Huit moutons tondus,
        Sept chiens courants,
        Six lièvres aux champs,
      Cinq lapins trottant par terre,
      Quatre canards volants en l'air,
        Trois ramiers de bois,
        Deux tourterelles,
        Une perdriolle,
        Une perdriolle
      Qui vole et vole et vole,
        Une perdriolle   } (*bis*)
          Qui vole
        Du bois au champ.

[1] Petits fromages de Maroilles (arrondissement d'Avesnes).

LE JARDIN DE MA TANTE.

(Jeu.)

La société disposée en cercle, la personne qui connaît et qui conduit le jeu, propose aux assistants de répéter, chacun à son tour, le discours qu'elle va faire en le coupant de phrase en phrase, et il est convenu que les personnes qui se tromperont, ou qui mettront un mot pour l'autre, donneront un gage.

Le maître du jeu commence donc et prononce distinctement ce qui suit :

— Je viens du jardin de ma tante ; peste ! le beau jardin que le jardin de ma tante ! dans le jardin de ma tante, il y a quatre coins.

Celui qui est à droite répète la phrase mot à mot ; si par hasard sa mémoire est en défaut, il donne un gage et cède son tour à celui qui le suit à droite, sans qu'il lui soit permis de se reprendre. Lorsque la phrase a fait le tour du cercle, le conducteur du jeu reprend la phrase entière et ajoute :

> Dans le premier coin
>
> Se trouve un jasmin ;
>
> Je vous aime sans fin.

L'épreuve ayant été subie comme la première fois, il reprend toute la phrase et continue :

> Dans le second coin
>
> Se trouve une rose ;
>
> Je voudrais bien vous embrasser,
>
> Mais je n'ose.

Au troisième tour, il dit :

Dans le troisième coin
Se trouve un bel œillet ;
Dites-moi votre secret.

En cet endroit du jeu, chacun des joueurs se penche à l'oreille de son voisin à gauche, et lui confie un secret quelconque.

Au quatrième tour, la personne qui a commencé, reprend sa phrase entière et ajoute pour la finir :

Dans le quatrième coin
Se trouve un beau pavot ;
Ce que vous m'avez dit tout bas,
Répétez-le tout haut.

Voilà le moment critique et le plus amusant du jeu. Il faut que chacun découvre le secret qu'il a confié ; ce qui embarrasse quelquefois ceux qui ne se sont pas méfiés du tour, et la société s'amuse des secrets qui n'ont pas de sens ou qui présentent un sens ridicule ou comique.

(*La Mélusine.*)

LE PONT COUPÉ.

(Les Canards l'ont bien passée.)

———

Jean arrive sur le pont portant une pioche sur l'épaule. Ah!
ah! la matinée est fraîche et belle à ce matin; j' vas en pro-
fiter pour me mettre à travailler à ce pont, en chantant ma
petite chansonnette. Il se met au travail en fredonnant :

Tra la la la la la laire,

Lire lire lire, laire laire laire.

Tra la la la la la laire,

Lire lon fa.

LE GASCON (il arrive par la droite) : On m'a dit que quand je
serais près du pont, je ne serai pas loin de la rivière, tiens!
comment se fait-il donc que ce pont soit cassé? Eh! l'ami, fais-
moi le plaisir de m'enseigner le chemin qui conduit à la ville.

JEAN : C'est facile, Monsieur.

(Chantant :) Tous les chemins vont à la ville,

Lire, lire, lire,

Laire, laire, laire.

Est-ce que vous n'savez pas ça?

Lire lon fa.

LE GASCON : Parbleu ! je sais bien que tout chemin conduit à la ville ; mais c'est le plus court que je te demandais. Dis-moi donc, eh ! l'ami, ne pourrais-je pas passer la rivière ?

JEAN : La rivière ?

(*Chantant :*) Les canards l'ont bien passée,

Lire, lire, lire,

Laire, laire, laire.

Pourquoi n' passeriez-vous pas ?

Lire lon fa.

LE GASCON : Est-ce que par hasard tu me prendrais pour un canard ?

JEAN : Ah ! non, Monsieur.

LE GASCON : Anon toi-même, entends-tu ?

Eh ! l'ami, la rivière est-elle profonde ?

JEAN : Comme partout ailleurs.

(*Chantant :*) Les cailloux touchent la terre,

Lire, lire, lire,

Laire, laire, laire.

Ne pouvant aller plus bas,

Lire lon fa.

LE GASCON : Il est malin ce bonhomme..... Mais j'aperçois une maison là-bas, je crois que c'est une auberge.

Eh ! l'ami, à qui appartient cette belle maison là-bas, derrière ton dos ?

JEAN : A qui elle appartient ?

LE GASCON : Sans doute.

Jean : Eh bien, Monsieur,

(*Chantant :*) Elle appartient à son maître,

Lire, lire, lire,

Laire, laire, laire.

C'est toujours comme cela,

Lire lon fa.

Le Gascon : Eh! sandis! cadédis! je sais bien qu'une maison appartient à son maître!..... Mais dis donc, eh ! l'ami.

Jean : Eh ! Monsieur?

Le Gascon : Vend-on du vin dans cette maison ?

Jean : Si on en vend !

(*Chantant :*) On en vend plus qu'on en donne,

Lire, lire, lire,

Laire, laire, laire.

Les marchands sont tous comme cela.

Lire lon fa.

Le Gascon : Définitivement, je crois que ce petit drôle se moque de moi ; il faut que je sache son nom, afin de le corriger. Dis-moi donc, eh! l'ami.

Jean : Eh! Monsieur?

Le Gascon : Comment t'appelles-tu, mon petit bonhomme ? Je ne serais pas fâché de faire connaissance avec toi.

Jean : Vous êtes bien honnête, Monsieur. C'est mon nom que vous voulez savoir, n'est-ce pas?

Le Gascon : Sans doute.

Jean : Eh bien, Monsieur, vous saurez que.....

(*Chantant :*) Je m'appelle comme mon père,

Lire, lire, lire,

Laire, laire, laire,

C'est un beau nom que celui-là.

Lire lon fa.

— Jean le narquois devient à peu près impertinent et grossier, mais un batelier arrive à point pour conduire le Gascon à l'autre bord. Celui-ci se venge de l'insulteur et la morale de l'histoire nous est dite par le dernier couplet :

Avis à qui veut mal faire,

Lire, lire, lire,

Laire, laire, laire.

Qui fait mal en souffrira,

Lire lon fa.

(Théâtre de Séraphin, d'après le *Magasin pittoresque,*
35ᵉ année, 1867, pages 166 et 167.)

Rondes.

LE PEUREUX.

Tout en passant par un p'tit bois, } (bis)
Tous les coucous chantaient,
Et dans leur joli chant disaient :
Coucou, coucou, coucou, coucou ;
Et moi je croyais qu'ils disaient :
Cop'-li le cou, cop'-li le cou.
Et moi je m'en cour', cour', cour',
Et moi je m'en courais,
Et à la ronde, cour', cour', cour',
A la ronde, courons toujours.

Tout en passant près d'un moulin, } (bis)
Toutes les meules tournaient,
Et dans leur joli chant disaient :
Toc, tic, toc, tac, toc, tic, toc, tac ;

Et moi je croyais qu'ell' disaient :
Cop'-li tot rac, cop'-li tot rac [1].
Et moi je m'en cour', cour', cour',
Et moi je m'en courais,
Et à la ronde, cour', cour', cour',
A la ronde, courons toujours.

Tout en passant près d'un étang, } *(bis)*
Tous les canards chantaient,
Et dans leur joli chant disaient :
Couéan, couéan, couéan, couéan ;
Et moi je croyais qu'ils disaient :
L' cou dans l'étang, l' cou dans l'étang.
Et moi je m'en cour', cour', cour',
Et moi je m'en courais,
Et à la ronde, cour', cour', cour',
A la ronde, courons toujours.

Tout en passant près d'un couvent, } *(bis)*
Toutes les nonn' chantaient,
Et dans leur joli chant disaient :
Alléluia, alléluia ;

[1] Coupe-lui tout ras.

Et moi je croyais qu'ell' disaient :
Arrêt'-tieu gars, arrêt'-tieu gars.
Et moi je m'en cour', cour', cour',
Et moi je m'en courais,
Et à la ronde, cour', cour', cour',
A la ronde, courons toujours.

Tout en passant près d'un p'tit champ, ⎫
Tous les oiseaux chantaient,   ⎬ (bis)
Et dans leur joli chant disaient :
Tuit', tuit', tuit', tuit', tuit', tuit', tuit', tuit';
Et moi je croyais qu'ils disaient :
Enfuis-te vite, enfuis-te vite.
Et moi je m'en cour', cour', cour',
Et moi je m'en courais,
Et à la ronde, cour', cour', cour',
A la ronde, courons toujours.

PINGO LES NOIX.

—

Derrièr' chez nous il y a-t-un bois,
Pingui pingo, pingo les noix ;
Deux lièvres sont dedans le bois,
Bibelin bibelo, popo la guénago,
    Pingui pingo,
Pingo la guénago, pingo les noix.

Pour les chasser m'en fus au bois,
Pingui pingo, pingo les noix ;
Ils sont partis en tapinois,
Bibelin bibelo, popo la guénago,
    Pingui pingo,
Pingo la guénago, pingo les noix.

Ne courez jamais dans le bois,
Pingui pingo, pingo les noix,
Après deux lièvres à la fois,
Bibelin bibelo, popo la guénago,
    Pingui pingo,
Pingo la guénago, pingo les noix.

QUAND J'ÉTAIS CHEZ MON PÈRE.

Le pâtre prit son tire-lire,
Il se mit à turluter,
Il se mit à turluter.

Au son de son tire-lire,
Les moutons s' sont assemblés,
Les moutons s' sont assemblés.

Ils se sont pris par la patte,
Et se sont mis à danser,
Et se sont mis à danser.

Il n'y avait qu'un' vieill' grand'mère,
Qui ne voulait pas danser,
Qui ne voulait pas danser.

Oh! qu'a'-vous, ma vieill' grand'mère[1],
Qu'avez-vous à tant pleurer,
Qu'avez-vous à tant pleurer.

Je pleure ton vieux grand-père,
Que les loups ont étranglé,
Que les loups ont étranglé.

Ils l'ont traîné dans la plaine,
Et les os lui ont croqué,
Et les os lui ont croqué.

E. GAGNON. (*Chansons populaires du Canada.*
Québec, Desbaratz, édit., 1865.)

[1] Ce n'est pas la personne qui chante cette chanson, qui adresse la parole à la vieille grand'mère. Usant d'un procédé rapide de récit, familier à la poésie populaire, la chanson fait parler l'un des jeunes moutons, sans nous en avertir expressément, et nous laissant le soin de deviner l'interlocuteur.

LA RONDE DU CHATEAU DE MON PÈRE.

—

Mon père a fait faire un château,
Il est petit, mais il est beau.
L'a fait bâtir sur trois carreaux,
De par-dessus coulant ruisseau.
D'or et d'argent sont les créneaux,
Le roi n'en a pas de si beau.

———

LA RONDE DU FURET.

—

Il est passé par ici,
Le furet du bois, mesdames,
Il est passé par ici,
Le furet du bois joli.

LA RONDE DU CANARD BLANC.

Derrière chez mon père,
Il y a un petit étang ;
Trois canards s'y vont mirant.
Le fils du roi y vint passant,
Et tira sur celui de devant.
O fils du Roi ! tu es méchant ;
Tu as tué mon canard blanc.
J'ai vu la plume voler au vent,
Et par le bec l'or et l'argent.

GENTIL COQUELICOT.

—

J'ai descendu dans mon jardin (*bis*)
Pour y cueillir du romarin.
    Gentil coq'licot,
    Mesdames,
    Gentil coq'licot
    Nouveau.

Pour y cueillir du romarin ; (*bis*)
J' n'en avais pas cueilli trois brins,
    Gentil coq'licot,
    Mesdames,
    Gentil coq'licot
    Nouveau.

J' n'en avais pas cueilli trois brins, (*bis*)
Qu'un rossignol vient sur ma main.
    Gentil coq'licot,
    Mesdames,

Gentil coq'licot
Nouveau.

Qu'un rossignol vient sur ma main ; *(bis)*
Il me dit trois mots en latin.
Gentil coq'licot,
Mesdames,
Gentil coq'licot
Nouveau.

Il me dit trois mots en latin : *(bis)*
Que les hommes ne valent rien.
Gentil coq'licot,
Mesdames,
Gentil coq'licot
Nouveau.

Que les hommes ne valent rien, *(bis)*
Et les garçons encor bien moins.
Gentil coq'licot,
Mesdames,
Gentil coq'licot
Nouveau.

Et les garçons encor bien moins. (*bis*)
Des dames il ne me dit rien.
Gentil coq'licot,
Mesdames,
Gentil coq'licot
Nouveau.

Des dames il ne me dit rien, (*bis*)
Mais des d'moisell's beaucoup de bien.
Gentil coq'licot,
Mesdames,
Gentil coq'licot
Nouveau.

LE ROSIER.

—

A ma main droite
Y a-t-un rosier
Qui porte rose   }
Au mois de mai. } *(bis)*

Entrez en danse, }
Joli rosier;   } *(bis)*
Sortant de danse,
Vous embrass'rez

Celui d'
Celle de } la danse
Que vous voudrez,
La rose ou bien
Le rosier.

(Angoumois, Poitou, Saintonge, Aunis.)

GIROFLÉ, GIROFLA.

Que t'as de belles filles,
        Giroflé, Girofla,
Que t'as de belles filles,
L'amour m'y compt'ra.

Ell' sont bell' et gentilles,
        Giroflé, Girofla,
Ell' sont bell' et gentilles,
L'amour m'y compt'ra.

Donne-moi z'en donc une,
        Giroflé, etc.

— Pas seul'ment la queue d'une,
        Giroflé, etc.

— J'irai au bois seulette,
        Giroflé, etc.

— Quoi faire au bois seulette?
        Giroflé, etc.

— Cueillir la violette,
    Giroflé, etc.

— Quoi faire de la violette ?
    Giroflé, etc.

— Pour mettre à ma coll'rette,
    Giroflé, etc.

— Si le roi t'y rencontre ?
    Giroflé, etc.

— J' lui ferai trois révérences,
    Giroflé, etc.

— Si la reine t'y rencontre ?
    Giroflé, etc.

— J' lui ferai six révérences,
    Giroflé, etc.

— Si le diable t'y rencontre ?
    Giroflé, etc.

— Je lui ferai les cornes,
    Giroflé, Girofla,
Je lui ferai les cornes,
L'amour m'y compt'ra.

COMPAGNONS DE LA MARJOLAINE.

—

LA BANDE. — LE CHŒUR.

Qu'est-c' qui passe ici si tard ?
Compagnons de la marjolaine,
Qu'est-c' qui passe ici si tard ?
Gai, gai, dessus l' quai !

LE CHEVALIER DU GUET.

C'est le chevalier du guet,
Compagnons, etc.

— Que demand' le chevalier ?
Compagnons, etc.

— Une fille à marier,
Compagnons, etc.

— On m'a dit que vous en aviez,
Compagnons, etc.

— Ceux qui l'ont dit se sont trompés,
Compagnons, etc.

— Je veux qu' vous m'en donniez,
Compagnons, etc.

— Sur les une heur' repassez,
Compagnons, etc.

Les une heur' sont bien passées,
Compagnons, etc.

— Sur les deux heur's repassez,
Compagnons, etc.

— J'ai bien assez repassé,
Compagnons, etc.

— En ce cas-là choisissez,
Compagnons de la marjolaine,
En ce cas-là choisissez.
Gai, gai, dessus l' quai !

LA MARGUERITE.

Ogier, franc cavalier.

—

UNE JEUNE FILLE *s'avançant:*

Où est la Marguerite ?
Ogier ! Ogier ! Ogier !
Où est la Marguerite ?
Ogier ! franc cavalier !

LES AUTRES, *entourant la Marguerite et tenant sa robe
au-dessus de sa tête:*

Elle est dans son château,
Ogier ! etc.

LA JEUNE FILLE.

Ne peut-on pas la voir?
Ogier ! etc.

LES AUTRES.

Les murs en sont trop hauts,
Ogier ! etc.

LA JEUNE FILLE.

J'en abattrai un' pierre,
Ogier ! etc.

(Elle emmène avec elle une des jeunes filles.)

LES AUTRES.

Un' pierr' ne suffit pas,

Ogier! etc.

LA JEUNE FILLE.

J'en abattrai deux pierres,

Ogier! etc.

.(Elle emmène une autre personne.)

LES AUTRES.

Deux pierr's ne suffis'nt pas.

Ogier! etc.

LA JEUNE FILLE.

J'en abattrai trois pierres,

Ogier! etc.

(Même jeu et même réponse jusqu'à ce que toutes les jeunes
filles soient emmenées par la première. Celle qui reste tient
la robe.)

LA 1re JEUNE FILLE, *sans chanter.*

Qu'est-ce qu'il y a là dedans ?

RÉPONSE.

Un petit paquet de linge blanc.

LA JEUNE FILLE.

Je vais chercher mon petit couteau pour
le couper.

M. Paulin Paris a fait remarquer que ce refrain a cela de
curieux, qu'il se rattache à l'une de nos grandes *chansons de*

LA RONDE DE LA BOITEUSE.

—

— Où allez-vous pauvre boiteuse?
Gilotin, Gilotin.
Où allez-vous pauvre boiteuse?
Gilotin, parfum.

— Je m'en vais au bois seulette,
Gilotin, etc.

— Qu'allez-vous faire au bois seulette?
Gilotin, etc.

— Pour cueillir la violette,
Gilotin, etc.

geste les plus populaires. Pendant la disgrâce et la captivité d'Ogier le Danois, Charlemagne avait menacé d'une mort honteuse quiconque prononcerait devant lui le nom d'Ogier. Trois cents écuyers se donnent alors le mot; ils viennent devant le palais de Charlemagne crier, comme d'une seule voix: Ogier! Ogier! Ogier! et Charlemagne, n'osant punir la fleur de la chevalerie, aime mieux céder et pardonner à Ogier.

(Instructions du Comité.)

— Pourquoi fair' la violette ?
    Gilotin, etc.

— Pour donner à mes sœurettes,
    Gilotin, etc.

— Où sont-elles toutes vos sœurettes ?
    Gilotin, etc.

LA BOITEUSE, *choisissant une jeune fille qu'elle emmène*
par la main.

Voici un' de mes sœurettes,
    Gilotin, etc.

— Est-ce là toutes vos sœurettes ?
    Gilotin, etc.

LA BOITEUSE.

Encor un' de mes sœurettes,
    Gilotin, etc.
Encor un' de mes sœurettes,
    Gilotin parfum.

IL ÉTAIT UN AVOCAT.

—

Les chanteurs, se tenant par la main, forment un cercle au milieu duquel se place l'un d'eux, indiquant les gestes que tous doivent répéter.

On chante en tournant :

> Il était un avocat,
> Tourn' lalirette,
> Lironfa !

On rompt la chaîne et tandis que le chef fait lui-même le geste en rapport avec le couplet que l'on chante (par exemple pour le premier, faire le simulacre de mettre son rabat), on répète en place :

> Qui avait un beau rabat.

Puis, tournant sur soi-même en faisant le geste :

> Tourn' tourn' tourn' lalirette.

On reforme le cercle. En tournant :

> Qui avait un beau rabat,
> Tourn' lalirette,
> Lironfa !

Note de MM. Durieux et Bruyelle.

(Chansons populaires du Cambrésis.)

Il était un avocat,

Tourn' lalirette,

Lironfa !

Qui avait un beau rabat,

Tourn' tourn' tourn' lalirette,

Qui avait un beau rabat,

Tourn' lalirette,

Lironfa !

Qui avait un beau rabat
Et un habit de fin drap,
Un' perruq' de poil de rat,
Des culott's de poil de chat.
Ses papiers dessous son bras,
Droit au palais il s'en va,
Et son affaire il plaida,
L'histoir' dit qu'il la perda.
De chagrin il se penda,
Puis alors on l'enterra ;
Sur sa tombe l'on planta
Un arbr' qui au ciel monta.
Cette histoire finit là,
Si elle ne vous plaît pas,
Si elle ne vous plaît pas,
        Tourn' lalirette,
            Lironfa !
Partez avec l'avocat,
    Tourn' tourn' tourn' lalirette,
Partez avec l'avocat,
        Tourn' lalirette,
            Lironfa !

SUR LE PONT D'AVIGNON.

Sur le pont d'Avignon,
Tout le monde y danse, danse,
Sur le pont d'Avignon,
Tout le monde y danse en rond.

Les beaux messieurs font comme ça :
Sur le pont d'Avignon,
Tout le monde y danse, danse,
Sur le pont d'Avignon,
Tout le monde y danse en rond.

Et les écoliers font comme ça :
Sur le pont d'Avignon,
Tout le monde y danse, danse,
Sur le pont d'Avignon,
Tout le monde y danse en rond.

On forme un cercle et l'on chante le *refrain* en tournant.

Le *couplet* se dit en place en faisant d'abord à droite, puis à gauche, le geste correspondant à l'action du personnage mis en scène.

On revient ensuite au refrain pour recommencer un autre couplet.

Après les « messieurs » qui saluent du chapeau, viennent les « demoiselles » qui font la révérence, puis les « cordonniers » battant la semelle ou la cousant, les « couturières » tirant l'aiguille, les « menuisiers » sciant du bois, les « blanchisseuses » lavant le linge, etc.

> Sur le pont
> D'Avignon,
> Tout le monde y passe,
> Sur le pont
> D'Avignon
> Tout le monde y passera.

> Les messieurs font ça (*on salue à droite*).
> Et puis encor ça (*à gauche*).

> Sur le pont
> D'Avignon,
> Tout le monde y passe,
> Sur le pont
> D'Avignon,
> Tout le monde y passera.

AUTRE.

On substitue encore au précédent refrain le suivant, en conservant la même mimique :

> Sur le pont
> D'Avignon,
> Tout le monde y passe,
> Les messieurs font bien comm' ci,
> Les messieurs font bien comm' ça.

On fait les gestes et l'on ajoute, en faisant un tour sur soi-même :

Tout le monde y passe.

Après quoi l'on se reprend les mains pour recommencer le couplet.

DURIEUX et BRUYELLE. (*Chansons du Cambrésis.*)

Il n'y a pas eu de pont sur le Rhône, à Avignon, jusque vers l'année 1170. D'une rive à l'autre, hommes, bêtes et marchandises ne passaient que par l'entremise de corporations de bateliers, qui n'étaient souvent que des bandes de voleurs et de brigands.

Bénezet, un jeune pâtre d'Alvilard, dans le Vivarais, entreprit, sur « l'ordre de Dieu même », de faire construire un pont sur le Rhône. L'évêque Pons et le viguier d'Avignon l'accusaient d'imposture. Bénezet, pour les confondre, porta sur le bord du fleuve, à la place du pont, une pierre que trente-deux hommes n'eussent pu remuer. Après ce miracle, il reçut en don du peuple 5,000 sous pour l'aider dans son entreprise.

Le couplet de la chanson rappelle que tout le monde, depuis lors, va, sans danger aucun et sans difficulté, d'une rive à l'autre, en passant sur le pont d'Avignon. — K.

SUR LE PONT DU NORD.

Su' le pont du Nord
Un bal y est donné. } *(bis)*

Adèl' demande
A sa mèr' d'y aller. } *(bis)*

Non, non, ma fille,
Vous n'irez pas danser. } *(bis)*

Monte à sa chambre
Et se met à pleurer. } *(bis)*

Son frère arrive
Dans un bateau doré. } *(bis)*

Ma sœur, ma sœur,
Qu'avez-vous à pleurer ? } *(bis)*

Maman n' veut pas
Que j'aille au bal danser. } *(bis)*

Mets ta rob' blanche
Et ta ceintur' dorée. } *(bis)*

Ell' fait trois tours,
Et la voilà noyée. } *(bis)*

Sa mère demande,
Pourquoi les cloch' sonner. } *(bis)*

C'est pour Adèle
Et votre fils aîné. } *(bis)*

Voilà le sort
Des enfants obstinés. } *(bis)*

LA TOUR, PRENDS GARDE!

LE COLONEL ET LE CAPITAINE.

La tour, prends garde (*bis*)
De te laisser abattre.

LA TOUR.

Nous n'avons garde (*bis*)
De nous laisser abattre.

LE COLONEL.

J'irai me plaindre (*bis*)
Au duc de Bourbon.

LA TOUR.

Eh! va te plaindre (*bis*)
Au duc de Bourbon.

LE COLONEL ET LE CAPITAINE.

Mon duc, mon prince, (*bis*)
Je viens à vos genoux.

LE DUC.

Mon capitaine, mon colonel, (*bis*)
Que me demandez-vous?

LE COLONEL ET LE CAPITAINE.

Un de vos gardes (*bis*)
Pour abattre la tour.

LE DUC.

Allez, mon garde, (*bis*)
Pour abattre la tour.

LE COLONEL ET LE CAPITAINE AVEC LE GARDE.

La tour, prends garde (*bis*)
De te laisser abattre.

LA TOUR.

Nous n'avons garde (*bis*)
De nous laisser abattre.

LES OFFICIERS (*au duc*).

Mon duc, mon prince, (*bis*)
Je viens à vos genoux.

LE DUC.

Mon capitaine, mon colonel,
Que me demandez vous ?

LES OFFICIERS.

Deux de vos gardes (*bis*)
Pour abattre la tour.

LE DUC.

Allez, mon garde, (*bis*)
Pour abattre la tour.

LES OFFICIERS (*à la tour*).

La tour, prends garde (*bis*)
De te laisser abattre.

LA TOUR.

Nous n'avons garde (*bis*)
De nous laisser abattre.

LES OFFICIERS (*au duc*).

Mon duc, mon prince, (*bis*)
Je viens à vos genoux.

LE DUC.

Mon capitaine, mon colonel, (*bis*)
Que me demandez-vous?

LES OFFICIERS.

Votre cher fils (*bis*)
·Pour abattre la tour.

LE DUC.

Allez, mon fils, (*bis*)
Pour abattre la tour.

LE FILS ET LES OFFICIERS.

La tour, prends garde (*bis*)
De te laisser abattre.

LA TOUR.

Nous n'avons garde (*bis*)
De nous laisser abattre.

LES OFFICIERS (*au duc*).

Votre présence (*bis*)
Pour abattre la tour.

LE DUC.

Je vais moi-même (*bis*)
Pour abattre la tour.

BIRON.

—

Quand Biron voulut danser,
Ses souliers fit apporter,
Sa chemise
De Venise,
Son pourpoint
Fait au point,
Son chapeau tout rond;
Vous danserez, Biron !

BIRON.

Quand Biron voulut danser, (*bis*)
Ses souliers fit apporter, (*bis*)
  Ses souliers tout ronds ;
  Vous danserez, Biron.

Quand Biron voulut danser, (*bis*)
Sa perruq' fit apporter, (*bis*)
    Sa perruque
    A la turque,
  Ses souliers tout ronds ;
  Vous danserez, Biron.

Quand Biron voulut danser, (*bis*)
Son habit fit apporter, (*bis*)
    Son habit
    D' p'tit gris,

Sa perruque
A la turque,
Ses souliers tout ronds;
Vous danserez, Biron.

Quand Biron voulut danser, *(bis)*
Sa veste fit apporter, *(bis)*
Sa bell' veste
A paillettes,
Son habit
D' p'tit gris,
Sa perruque
A la turque,
Ses souliers tout ronds;
Vous danserez, Biron.

Quand Biron voulut danser, *(bis)*
Sa culott' fit apporter, *(bis)*
Sa culotte
A la mode,
Sa bell' veste
A paillettes,

Son habit

D' p'tit gris,

Sa perruque

A la turque,

Ses souliers tout ronds ;

Vous danserez, Biron.

Quand Biron voulut danser, (*bis*)

Ses manchett's fit apporter, (*bis*)

Ses manchettes

Fort bien faites,

Sa culotte

A la mode,

Sa bell' veste

A paillettes,

Son habit

D' p'tit gris,

Sa perruque

A la turque,

Ses souliers tout ronds ;

Vous danserez, Biron.

Quand Biron voulut danser, (*bis*)
Son chapeau fit apporter, (*bis*)
    Son chapeau
    En clabot [1],
    Ses manchettes
    Fort bien faites,
    Sa culotte
    A la mode,
    Sa bell' veste
    A paillettes,
    Son habit
    De p'tit gris,
    Sa perruque
    A la turque,
Ses souliers tout ronds;
Vous danserez, Biron.

Quand Biron voulut danser, (*bis*)
Son épée fit apporter, (*bis*)

[1] Un clabaud est un « chien à oreilles pendantes qui aboie
« mal à propos, c'est-à-dire sans être sur les voies de la bête.
« (Clabauder, au figuré, aboyer, critiquer à tort et à raison.)
« Chapeau clabaud, qui a les bords pendants. »
(LITTRÉ, *Dictionnaire*.)

Son épée
Affilée,
Son chapeau
En clabot,
Ses manchettes
Fort bien faites,
Sa culotte
A la mode,
Sa bell' veste
A paillettes,
Son habit
De p'tit gris,
Sa perruque
A la turque,
Ses souliers tout ronds;
Vous danserez, Biron.

Quand Biron voulut danser, (*bis*)
Son violon fit apporter, (*bis*)
Son violon,
Son basson,

Son épée
Affilée,
Son chapeau
En clabot,
Ses manchettes
Fort bien faites,
Sa culotte
A la mode,
Sa bell' veste
A paillettes,
Son habit
De p'tit gris,
Sa perruque
A la turque,
Ses souliers tout ronds;
Vous danserez, Biron.

GUILLERI.

—

Il était un p'tit homme,
Qui s'app'làit Guilleri,
        Carabi;
Il s'en fut à la chasse,
A la chasse aux perdrix,
        Carabi,
            Titi Carabi
            Toto Carabo,
        Compère Guilleri,
Te lairras-tu (*ter*) mouri'?

Il s'en fut à la chasse,
A la chasse aux perdrix,
        Carabi
Il monta sur un arbre,
Pour voir ses chiens couri',
        Carabi,
            Titi Carabi, etc.

Il monta sur un arbre,
Pour voir ses chiens couri',
  Carabi;
La branche vint à rompre,
Et Guilleri tombi',
  Carabi,
   Titi Carabi, etc.

La branche vint à rompre,
Et Guilleri tombi',
  Carabi,
   Titi Carabi, etc.
Il se cassa la jambe,
Et le bras se démi',
  Carabi;
   Titi Carabi, etc.

Il se cassa la jambe,
Et le bras se démi',
  Carabi,
Les dam' de l'hôpitale,
Sont arrivé's au brui',
  Carabi,
   Titi Carabi, etc.

Les dam' de l'hôpitale,
Sont arrivé's au brui',
        Carabi;
L'une apporte un emplâtre,
L'autre de la charpi',
        Carabi,
        Titi Carabi, etc.

L'une apporte un emplâtre,
L'autre de la charpi',
        Carabi;
On lui banda la jambe,
Et le bras lui remi',
        Carabi;
        Titi Carabi, etc.

On lui banda la jambe,
Et le bras lui remi',
        Carabi;
Pour remercier ces dames,
Guill'ri les embrassi',
        Carabi,
        Titi Carabi, etc.

Pour remercier ces dames,
Guill'ri les embrassi',
     Carabi;
Ça prouv' que par les femmes,
L'homme est toujours guéri,
     Carabi;
     Titi Carabi,
     Toto Carabo,
     Compère Guilleri,
Te lairras-tu (*ter*) mouri'?

NOUS N'IRONS PLUS AU BOIS.

Nous n'irons plus au bois,
Les lauriers sont coupés,
La belle que voilà,
La lairons-nous danser?
   Entrez dans la danse,
Voyez comme on danse,
     Sautez,
     Dansez,
Embrassez cell' que vous aimez.

La belle que voilà,
La lairons-nous danser?
Mais les lauriers du bois,
Les lairons-nous faner?
   Entrez dans la danse, etc.

Mais les lauriers du bois,
Les lairons-nous faner?

Non, chacune à son tour,
Ira les ramasser.
    Entrez, etc.

Non, chacune à son tour,
Ira les ramasser.
Si la cigale y dort,
Ne faut pas la blesser.
    Entrez, etc.

Si la cigale y dort,
Ne faut pas la blesser.
Le chant du rossignol
La viendra réveiller.
    Entrez, etc.

Le chant du rossignol
La viendra réveiller,
Et aussi la fauvette
Avec son doux gosier.
    Entrez, etc.

Et aussi la fauvette
Avec son doux gosier,

Et Jeanne la bergère
Avec son blanc panier.
Entrez, etc.

Et Jeanne la bergère
Avec son blanc panier,
Allant cueillir la fraise
Et la fleur d'églantier.
Entrez, etc.

Allant cueillir la fraise
Et la fleur d'églantier.
Cigale, ma cigale,
Allons, il faut chanter.
Entrez, etc.

Cigale, ma cigale,
Allons, il faut chanter,
Car les lauriers du bois
Sont déjà repoussés.
Entrez, etc.

Nous n'irons plus au bois,
Les ros's y sont cueilli's ;

La belle que je tiens,
Je la laisse échapper.

Belle, entrez dans la danse,
Faites-y la révérence,
        Sautez, dansez,
Embrassez qui vous voudrez.

VARIANTE {
Faites-moi trois tours de danse,
Trois petits sauts en ma présence,
        Sautez, dansez,
Baisez cell' que vous voudrez.
(*ou*) A maman vous reviendrez.

MAM'SELLE, ENTREZ CHEZ NOUS.

—

Mam'selle, entrez chez nous,
Mam'selle, entrez chez nous,
Mam'selle, entrez encore un coup,
Afin que l'on vous aime.
Ah! j'aimerai, j'aimerai, j'aimerai,
Ah! j'aimerai qui m'aime.

Une ami' choisissez-vous,
Une ami' choisissez-vous,
Choisissez-la encore un coup,
Afin que l'on vous aime.
Ah! j'aimerai, j'aimerai, j'aimerai,
Ah! j'aimerai qui m'aime.

Mettez-vous à genoux,
Mettez-vous à genoux,
Mettez-vous-y encore un coup,
Afin que l'on vous aime.

Ah! j'aimerai, j'aimerai, j'aimerai,
Ah! j'aimerai qui m'aime.

Faites-nous les yeux doux,
Faites-nous les yeux doux,
Faites-nous-les encore un coup,
Afin que l'on vous aime.
Ah! j'aimerai, j'aimerai, j'aimerai,
Ah! j'aimerai qui m'aime.

Et puis embrassez-nous,
Et puis embrassez-nous,
Embrassez-nous encore un coup,
Afin que l'on vous aime.
Ah! j'aimerai, j'aimerai, j'aimerai,
Ah! j'aimerai qui m'aime.

Revenez parmi nous,
Revenez parmi nous,
Revenez-y encore un coup,
Afin que l'on vous aime.
Ah! j'aimerai, j'aimerai, j'aimerai,
Ah! j'aimerai qui m'aime.

SAVEZ-VOUS PLANTER DES CHOUX.

Savez-vous planter des choux,
A la mode, à la mode,
Savez-vous planter des choux,
A la mode de chez nous?

On les plante avec le pied,
A la mode, à la mode,
On les plante avec le pied,
A la mode de chez nous.

Savez-vous planter des choux, etc.

On les plante avec la main,
A la mode, à la mode,
On les plante avec la main,
A la mode de chez nous.

Savez-vous planter des choux, etc.

On les plante avec le doigt,
A la mode, à la mode,
On les plante avec le doigt,
A la mode de chez nous.

Savez-vous planter des choux, etc.

On les plante avec le nez,
A la mode, à la mode,
On les plante avec le nez,
A la mode de chez nous.

Savez-vous planter des choux, etc.

Mme DE CHABREUL (*Jeux et Exercices de jeunes filles.*
Hachette, éditeur).

DONN'-MOI TON BRAS QUE J'TE GUÉRISSE.

Donn'-moi ton bras que j' te guérisse,
Car tu m'as l'air malade,
Lon la,
Car tu m'as l'air malade.

Cueille la plante que voilà,
C'est un fort bon remède,
C'est un fort bon remède,
Lon la,
Il faut que le mal cède.

Danse sur le pied que voilà,
C'est un fort bon remède,
C'est un fort bon remède,
Lon la,
Il faut que le mal cède.

Mon baiser te redressera,
C'est un fort bon remède,

C'est un fort bon remède,
Lon la,
Il faut que le mal cède.

JE NE PEUX PAS DANSER.

Je n' peux pas danser,
Ma pantoufle est trop étroite;
Je n' peux pas danser,
Parce que j'ai trop mal au pied.

Mme DE CHABREUIL (Jeux et Exercices de jeunes filles.
Hachette, éditeur).

PANTIN.

Que Pantin serait content,
S'il avait l'heur de vous plaire!
Que Pantin serait content,
S'il vous plaisait en dansant!

Mme DE CHABREUIL (Jeux et Exercices de jeunes filles.
Hachette, éditeur).

LE CONCERT.

Air chanté.

—

Quand Madelon va seulette,

Elle ne m'aime plus,

Turlututu,

Turlututu.

La petite follette

Se rit de ma chansonnette,

Tous mes soins sont superflus,

Turlututu,

Turlututu.

Le Concert. — Chacune des jeunes filles est censée avoir un instrument dont elle joue. L'une fait le geste de jouer du violon sur son bras ; une autre agite ses doigts comme si elle avait une flûte; une autre joue du piano sur ses genoux; une autre de la harpe ou de la guitare. Tous ces gestes doivent être faits en silence. Celle qui est le chef d'orchestre doit tour à tour imiter l'instrument d'une des musiciennes, en chantant la chanson ci-dessus sur un air qu'elle compose, si elle ne sait pas le véritable.

Mᵐᵉ DE CHABREUIL (*Jeux et Exercices de jeunes filles.*

Hachette, éditeur).

RAMÈNE TES MOUTONS.

—

La plus aimable à mon gré,
Je vais vous la présenter;
Nous lui f'rons passer barrière,
Ramèn' tes moutons, bergère,
Ramèn', ramèn', ramèn' donc
Tes moutons à la maison.

On fait une ronde; l'une des jeunes filles chante seule les deux premiers vers; au troisième elle quitte la main de sa voisine de droite, et, se plaçant vis-à-vis d'elle, l'invite à passer sous l'arc qu'elle forme avec sa voisine de gauche, en tenant les bras élevés; tous les enfants passent ainsi en se tenant par la main et en chantant le refrain.

(*Rondes* avec accompagnement de piano, par Lebouc. Paris, Heu, éditeur, 10, chaussée d'Antin.)

MADEMOISELLE DU CLINQUANT.

Mademoiselle du Clinquant,
Eh ! ne vous estimez pas tant !
Prenez cet avis en passant.
    Eh ! ne vous zest,
    Eh ! ne vous zist,
Eh ! ne vous zest, et zist, et zest.
Eh ! ne vous estimez pas tant !

Quand on vous flatte par devant,
Eh ! ne vous estimez pas tant !
Par derrière on rabat d'autant.
    Eh ! ne vous zest, etc.

Vous parlez de tout hardiment,
Eh ! ne vous estimez pas tant !
Qui beaucoup parle, beaucoup ment.
    Eh ! ne vous zest, etc.

Si votre châle est élégant,
Eh ! ne vous estimez pas tant !
Il fait honneur au fabricant.
    Eh ! ne vous zest, etc.

Vos dents sont d'un émail brillant,
Eh! ne vous estimez pas tant!
Vous les tenez d'un éléphant.
Eh! ne vous zest, etc.

Vos robes ont plus d'un volant,
Eh! ne vous estimez pas tant!
Les payez-vous bien au marchand?
Eh! ne vous zest, etc.

En ville on dit votre air charmant,
Eh! ne vous estimez pas tant!
Vous rentrez chez vous en grondant.
Eh! ne vous zest, etc.

Vous déjeunez splendidement,
Eh! ne vous estimez pas tant!
Votre esprit jeûne en attendant.
Eh! ne vous zest, etc.

Pour la danse, quel beau talent!
Eh! ne vous estimez pas tant!
Pour le tricot, c'est différent.
Eh! ne vous zest, etc.

Vous avez maint bel agrément,
Eh ! ne vous estimez pas tant !
Vous en vaudrez dix fois autant.
Eh ! ne vous zest,
Eh ! ne vous zist,
Eh ! ne vous zest, et zist, et zest,
Eh ! ne vous estimez pas tant !

M. MOREAU (*Les Rondes du couvent*[1]).

[1] Larousse et Boyer, éditeurs.

Dictionnaire de LITTRÉ : « Zest, interjection familière et
« ironique dont on se sert pour repousser ce que dit une per-
« sonne. Il se vante de cela : zest ! Zist est la forme variée de
« zest. Faire zist et zest se dit encore pour agiter vivement, çà
« et là. »

Les vains efforts de ceux qui veulent paraître, sont rendus
ici d'une façon charmante par ces zest et zist et zest qui ont le
mérite à la fois de peindre le ridicule dans son agitation, et
de lui dire son fait.

Mais cette allitération, se reproduisant dans un jeu de mots
nouveau : « et ne vous estimez pas tant », dans ces paroles
mêmes qui disent et rendent l'idée de l'interjection zest et
zist, est un trait génial de l'imagination populaire. Ce refrain
tout entier est pris, en effet, d'une chanson villageoise.

L'emprunt fait à la *Muse populaire* par l'auteur des *Rondes
du couvent*, semble avoir porté bonheur à cette pièce qui nous
paraît être la plus gracieuse de son recueil, celle où il a le
mieux saisi le ton de la chanson enfantine. Cet exemple nous
montre quelles charmantes inspirations nos poëtes trouveraient, pour parler au peuple et aux enfants, dans un com-
merce plus assidu avec la poésie populaire.

Chansons.

C'est le grand ducque du Maine,
La briquedondaine,
A Montauban blessé,
La briquedondé,
A Montauban blessé.

Blessé par une flèche,
La briquedondaine,
Dont il fut transpercé,
La briquedondé,
Dont il fut transpercé.

Transporté sous un chêne,
    La briquedondaine,
Sous un chên' renversé,
    La briquedondé,
Sous un chên' renversé.

Il demande une plume,
    La briquedondaine,
De l'encre et du papier,
    La briquedondé,
De l'encre et du papier.

Pour écrire à son maître,
    La briquedondaine,
Son roi, son allié,
    La briquedondé,
Son roi, son allié.

« Sire, je suis bien malade,
    La briquedondaine,
Je crois que j'en mourrai,
    La briquedondé,
Je crois que j'en mourrai. »

Quand le roi lut la lettre,
     La briquedondaine,
Il se mit à pleurer,
     La briquedondé,
Il se mit à pleurer.

« Sire, lui dit la reine,
     La briquedondaine,
Qu'avez-vous à pleurer ?
     La briquedondé,
Qu'avez-vous à pleurer ?

— C'est le grand ducque du Maine,
     La briquedondaine,
Qui est mort et enterré,
     La briquedondé,
Qui est mort et enterré. »

LE PETIT MARI.

Mon pèr' m'a donné un mari,
 Mon Dieu ! quel homme !
 Quel petit homme !
Mon pèr' m'a donné un mari,
 Mon Dieu ! quel homme !
 Qu'il est petit !

D'une feuille on fit son habit,
 Mon Dieu ! quel homme, etc.

Je le couchai dedans mon lit,
 Mon Dieu ! quel homme, etc.

De mon lacet je le couvris,
 Mon Dieu ! quel homme, etc.

Mais dans mon lit il se perdit,
 Mon Dieu ! quel homme, etc.

Je pris une chandell', j' le cherchis,
 Mon Dieu ! quel homme, etc.

Le feu à la paillasse prit,
 Mon Dieu ! quel homme, etc.

Je trouvai mon mari rôti,
   Mon Dieu ! quel homme, etc.

Sur une assiette je le mis,
   Mon Dieu ! quel homme, etc.

Le chat l'a pris pour un' souris,
   Mon Dieu ! quel homme, etc.

Et v'là le chat qui l'emportit,
   Mon Dieu ! quel homme, etc.

Au chat ! au chat ! c'est mon mari,
   Mon Dieu ! quel homme, etc.

De ma vie je n'avais tant ri,
   Mon Dieu ! quel homme, etc.

Prendre un mari pour un' souris,
   Mon Dieu ! quel homme, etc.

Pour me consoler, je me dis :
   Mon Dieu ! quel homme !
   Quel petit homme !
Pour me consoler, je me dis :
   Mon Dieu ! quel homme !
   Qu'il était p'tit !

LE JOLI PETIT FIANCÉ.

—

Je me marierai jeudi,
Avec un petit mari
Si petit, si joli, si gentil,
Afin qu'il m'en coûte moins
En chaussur' et en tous points.

D'un demi-quart de batiste,
J' lui ferai six ch'mises
Et six p'tits béguins aussi.
Voilà pourquoi je l'ai pris si petit,
Si petit, si joli, si gentil.

De la peau d'une souris,
J' lui f'rai faire un p'tit habit,
Et un' p'tit' culotte aussi.
Voilà pourquoi je l'ai pris si petit, etc.

De deux sous de maroquin,
J' lui f'rai fair' de p'tits brod'quins,
Et de petit' bott' aussi.
Voilà pourquoi je l'ai pris si petit, etc.

D' l'écaille d'une noisette,
J' lui f'rai faire un' p'tit' couchette,
Et un' petit' commode aussi.
Voilà pourquoi je l'ai pris si petit, etc.

Du rognon d'un papillon,
J' lui f'rai faire un bouillon,
Et un p'tit hachis aussi.
Voilà pourquoi je l'ai pris si petit, etc.

De la cuisse d'une oie,
Je l' nourrirai pendant six mois
Et au moins six jours aussi.
Voilà pourquoi je l'ai pris si petit,
Si petit, si joli, si gentil.

LES NOCES DU PAPILLON.

—

1. Ah ! ah ! ah ! papillon marie-toi.
   Hélas ! mon maît', je n'ai pas de quoi. —
Là, dans ma bergerie, j'ai cent moutons [1],
Ça s'ra pour fair' la noce du papillon.

2. Ah ! ah ! ah ! que dit le chien ?
   Je suis fidèle et je cours bien,
J'irai chercher le lièvre dedans les champs,
Ça s'ra pour fair' la noce du papillon.

3. Ah ! ah ! ah ! que dit le renard [2] ?
   Je suis petit, je suis gaillard,

VARIANTES

ET COUPLETS NON DONNÉS PAR BUJEAUD.

[1] *Le couplet du maître :*

J'ai trois petits pains d'orge dans ma maison
Pour faire la noce du papillon.

[2] *Le couplet du renard :*

Je suis petit, je suis gaillard,
Je fournirai d'une poule et d'un chapon
Pour faire la noce du papillon.

J'irai chercher les poules dans les buissons,
Ça s'ra pour fair' la noce du papillon[3].

4. Ah! ah! ah! que dit le moineau?
Je suis petit et je suis beau,
Je m'en irai dans la plaine chercher l'froment,
Ça s'ra pour faire la noce du papillon.

5. Ah! ah! ah! que dit le goret?
Je suis bien gros, je suis mal fait,
J'en donnerai les rilles et les jambons,
Ça s'ra pour fair' la noce du papillon.

6. Ah! ah! ah! que dit le lapin?
Je suis petit et je suis fin,
Je trierai la salade [4] à ma façon,
Ça s'ra pour fair' la noce du papillon.

[3] *Le couplet du loup :*
> Ah! ah! ah! que répond le loup?
> Je suis méchant, car je suis jaloux,
> Je fournirai d'une oie et d'un mouton
> Pour faire la noce du papillon.

[4] *Le couplet du lapin :*
> Je suis petit et je suis fin,
> Je fourniral d'un' salad' et d'un chicon (romaine)
> Pour faire la noce du papillon.

7. Ah ! ah ! ah ! que dit le corbin ?
   Je suis noir et je suis vilain,
Et j'irai à la cave tirer le vin blanc,
Ça s'ra pour fair' la noce du papillon [5].

8. Ah ! ah ! ah ! que dit le héron ?
   J'ai les al' et le cou long,
J'irai à la rivière pêcher le poisson,
Ça s'ra pour fair' la noce du papillon [6].

9. Ah ! ah ! ah ! que dit la perdrix ?
   Je suis petite mais je suis genti',
Je veux coiffer la mariée à ma façon,
Ça s'ra pour plaire au papillon [7].

---

[5] *Les couplets de la belette, de la fouine et du chien :*
   Ah ! ah ! ah ! que dit la belette ?
   Je suis petite, je suis bien faite,
   Je fournirai d'œufs un quarteron,
   Ça s'ra pour fair' la noce du papillon.

[6]   Ah ! ah ! ah ! que répond le fouin (la fouine) ?
   Je suis petit, mais je cours bien,
   Je fournirai d'un coq et d'un dindon
   Pour faire la noce du papillon.

[7]   Ah ! ah ! ah ! que dit le chien ?
     — D'aller à la noc' sans y porter rien !
   Je recevrai des coups de bâton,
   En léchant la cass' du papillon (la casserole).

10. Ah ! ah ! ah ! que dit le chat ?
Que fais-je ici, que fais-je là,
A brûler ma bell' robe dans les tisons,
Ça s'ra pour fair' la noce du papillon.

(Angoumois, Poitou.) — Tiré des
Chants et *Chansons populaires de
l'Ouest*, par J. BUJEAUD. Nior
Clouzot ; Paris, Aubry.

Les variantes et couplets ci-dessus ont été récités à l'auteur du présent recueil par L.-Marie Pelletier, vieille Poitevine et ancienne pastoure du pays de Joulnay, près du Clain, à 2 lieues de Poitiers.

On remarquera que la chanson telle qu'elle est donnée par Bujeaud, ne met en scène et n'invite à la noce, en fait de bête malfaisante, que le renard. Mais il se fait si « petit » qu'il faut bien lui pardonner ses voleries et ses rapines en faveur de sa gentillesse.

Notre variante introduit dans la compagnie la belette, la fouine et le loup, — qui s'excuse, lui, de sa méchanceté par sa « jalousie » ! Elle donne au chien le rôle d'un parasite éhonté qui ne craint pas d'affronter les coups de bâton pour fouiller les casseroles et jouer jusqu'au bout son personnage de Lèche-Tout. A ce titre elle a raison de nous le présenter en dernier lieu, et de le mettre en parallèle et en opposition avec le chat, cette autre variété du parasite. Celui-ci, indifférent et dédaigneux, assiste, sans y prendre part, à la joie de ces petites gens, ne songe qu'à tenir sa place au foyer, et s'y met à l'aise, s'y étend sans s'émouvoir autrement de ce qui se passe autour de lui. Quand il y a paressé jusqu'à brûler sa robe dans les tisons, il veut nous faire croire, l'hypocrite ! qu'il s'est mis dans ce bel état pour l'amour des mariés, — qu'il a porté le sacrifice jusqu'à roussir pour eux sa belle fourrure. — Un peu plus, il leur demanderait de le dédommager, mais il veut qu'ils soient bien convaincus au moins qu'il s'est dévoué jusqu'à aller au feu pour eux.

L'ALOUETTE ET LE PINSON[1].

—

L'alouette et le pinson,
Tous deux se sont mariés ;
Le lendemain de leur noce,
N'avaient pas de quoi manger.
Alouette,
Ma tourlourisette,
Mon oiseau,
Que tout lui faut.

Par ici passe un lapin,
Sous son bras tient un pain.
Alouette, etc.

Mais du pain nous avons trop,
C'est d' la viande qu'il nous faut.
Alouette, etc.

[1] Voyez, dans le supplément, la *Chanson Bretonne* (les Noces du Roitelet), et le *Chant funèbre de Coq Robin.*

Par ici passe un corbeau,
Dans son bec tient un gigot.
        Alouette, etc.

Mais d' la viand' nous avons trop,
C'est du bon vin qu'il nous faut.
        Alouette, etc.

Par ici pass' un' souris,
A son cou pend un baril.
        Alouette, etc.

Mais du vin nous avons trop,
C'est d' la musiq' qu'il nous faut.
        Alouette, etc.

Mais d' la musiqu' nous avons trop,
Et c'est d' la dans' qu'il nous faut.
        Alouette, etc.

Par ici passe un gros rat,
Un violon tient sous son bras.
        Alouette, etc.

— Serviteur, la compagnie,
N'y a-t-il pas de chat ici ?
Alouette, etc.

— Entrez donc, maître à danser,
Notre chat est au grenier,
Alouette, etc.

Mais l' chat descend du grenier
Et aval' l' maître à danser.
Alouette,
Ma tourlourisette,
Mon oiseau,
Que tout lui faut.

CHANTEZ, ROSSIGNOL.

Lorsqu' j'étais dans mon ménage,
Je chantais soir et matin :
Mi, mi, fa, ré, mi,
Chantez, mon petit,
Mi, mi, fa, ré, sol,
Chantez, rossignol.

(Cambrai.)

LE PAUVRE.

—

Que sont-ils, les gens qui sont riches ?
Sont-ils plus que moi, qui n'ai rien ?
Je cours, je vas, je vir', je viens,
J'ai pas peur de perdr' ma fortun' ;
Je cours, je vas, je vir', je viens,
J'ai pas peur de perdre mon bien.

———

LE PARESSEUX.

—

Gâtineau n'est pas mort,
Il est dans son lit malade.
Gâtineau n'est pas mort,
Il est dans son lit qui dort.

LE GOURMAND.

On dit que les grives
Piquent les raisins;
Moi qui ne suis pas grive,
Je les pique bien.

BLAVIGNAC (*l'Empro géneroir*).

LE VILAIN.

Grand vilain,
Mangeons ton pain.
— Je n'ai pas faim.
— Mangeons le mien.
— Je le veux bien[1].

D' PERRON (*Proverbes de la Franche-Comté*).

[1] Nous nous sommes permis de changer un mot de ce quatrain.

L'ENFANT GATÉ.

Enfant gâté,
Veux-tu du pâté?
— Non, ma mère, il est trop salé.
— Veux-tu du rôti?
— Non, ma mère, il est trop cuit.
— Veux-tu de la salade?
— Non, ma mère, elle est trop fade.
— Veux-tu du pain?
— Non, ma mère, il ne vaut rien.
— Enfant gâté,
Tu ne veux rien manger;
Enfant gâté,
Tu seras fouetté!

BLAVIGNAC (*l'Empro génevois*).

Il a la maladie de Saint-Ga-gâ:
Il mange bien et ne boit pas mâ.

LE MEUNIER QUI DORT.

Meunier, tu dors,
Ton moulin va trop vite ;
Meunier, tu dors,
Ton moulin va trop fort.
Ton moulin (*ter*) va trop vite,
Ton moulin (*ter*) va trop fort.

BLAVIGNAC (*l'Empro génevois*).

Rondin,
Picotin,
Marie a fait son pain,
Pas plus gros que son levain,
Pfi i i.

(*Id.*)

AH! QUEL NEZ!

—

Ah! quel nez!
Ah! quel nez
Allongé!
Tout le monde en est étonné.

BLAVIGNAC (*l'Empro génevois*).

Tu as le bout du nez
Tout mach, tout mach;
Tu as le bout du nez
Tout machuré.
Aie donc la bonté
De vite t'aller laver!

(*Id.*)

FRÈRE JACQUES.

Frère Jacques, frère Jacques,
Dormez-vous, dormez-vous ?
Sonnez les matines, sonnez les matines,
Din, din, don,
Din, din, don.

AS-TU VU LA CASQUETTE ?

As-tu vu la casquette, la casquette,
As-tu vu la casquett' du pèr' Bugeaud ?
Elle est faite, elle est faite, la casquette,
Elle est fai-te de poils de chameau.

Couplets et Dictons [1].

✦

LA CLOCHE DE PROVINS.

Je m'appelle Guillemette,

De mette

Je suis faicte

Pour la guette,

Et sonner la retraite,

De Gentico.

Dans l'église de Saint-Pierre de Provins était une cloche portant ces vers. On a cru voir dans le mot *Gentico* un souvenir d'Agendicum et on en a conclu que Provins était l'Agendicum de César, à la grande confusion des gens de Sens : opinion que nous ne partageons pas.

La Guillemette fut brisée en 1279, parce qu'elle avait sonné le tocsin dans une émeute dont la chronique de saint Magloire raconte ainsi le dénouement :

> Un an après, ce m'est avis,
> Fut la grand' douleur à Provins.
> Que de pendus ! que d'affolés !
> Que d'occis ! que de décolés !

(Note de M. Tarbé.)

[1] Dans le volume qui fait suite à celui-ci, et qui s'intitule : *Leçons et Lectures en vers pour enfants de 8 à 12 ans,* nous réunissons dans un chapitre les Dictons des villes et provinces de France. Nous en avons détaché quelques numéros pour les insérer dans ce livre des *infantines.* Nous serions heureux d'attirer l'attention des maîtres et amis de l'enfance sur cette partie de notre poésie populaire qui nous rappelle par fragments quelques grands faits de notre passé historique et de notre vie nationale.

LE COMTE FERRANT [1].

Deux ferrants
Bien ferrés,
Portent Ferrant
Bien enferré.

[1] Ferrand, comte de Flandre, avait fait préparer des cordes et des fers pour lier les prisonniers qu'il comptait faire à Bouvines (1214). Il fut ramené en triomphe à Paris, dans une litière grillée, en fer, traînée par des chevaux gris de fer (les ferrants). De là le jeu de mots de ce couplet.

(Note de M. TARBÉ.)

DU GUESCLIN, PRISONNIER,
Et les Femmes de la Bretagne [1].

Filez, femmes de la Bretagne,
Filez la quenouille de lin,
Pour rendre à la France, à l'Espagne,
Messire Bertrand Du Guesclin.

[1] Sous le règne du roi Charles V, en 1368, les femmes bretonnes se disposaient à filer la rançon de Du Guesclin, prisonnier en Espagne. On chante encore dans les montagnes des Pyrénées une chanson faite à cette occasion et dont ces quatre vers forment le refrain.   (*La France de* MALTEBRUN.)

LE PONT DE MONTEREAU[1].

L'an mil quatre cent dix-neuf,
Sur un pont agencé de neuf,
Fut meurtri Jean de Bourgogne
A Montereau où faut l'Yonne.

[1] On a pu lire longtemps ce quatrain à Montereau (Seine-et-Marne), où l'Yonne se jette dans la Seine, sur le pont où le duc de Bourgogne, Jean-sans-Peur, fut assassiné par Tanneguy Duchâtel et le sire de Barbazan (1419), dans son entrevue avec le dauphin qui devint le roi Charles VII.

DOMFRONT, VILLE DE MALE-HEURE[1].

Domfront, ville de male-heure !
Venu à midi, pendu à une heure.
On n'a pas seulement le temps de dainer [dîner]!

[1] Ce dicton remonte à l'époque de la Réformation et des guerres religieuses, où catholiques et protestants s'égorgeaient au nom du Dieu de charité. « On attribue l'exclamation de la « fin à un chef calviniste qui fut conduit à la potence au mo-« ment même où il venait d'être pris sous les murs de la ville. »

(*France pittoresque*, par A. Hugo.)

Les Chants des Brandons.

Salut, Noël ! d'où viens-tu,
Depuis un an q' j' ne t'avais vu ?
Si tu viens dans mon clos,
Je te brûlerai la barbe et les os.
Tau, tau, tau, les mulots.

Chanson des enfants de Caen, à Noël.
BEAUREPAIRE.

On chante ou on chantait ces couplets dans nos campagnes en portant des « brandons » et courant çà et là autour des champs et des vergers pour en chasser les taupes, mulots, rats, souris et serpents.

L'ORAISON DE SAINT CHASSETRUBLE.

Saint Chassetruble,

Chassez le mulot qui trouble

Champ, meule et grenier.

Qu'il suive la dent de harse

Cassée, dans les champs éparse ;

Qu'il aille périr ou se noyer !

Éverly (Seine-et-Marne). Pour chasser les mulots de son toit, il faut ramasser la dent d'une herse cassée par hasard, et la mettre dans une carrière ou un marécage. Ils s'y rendront dès que la prière ci-dessus sera dite.

(Note de M. TARBÉ.)

EXORCISMES CONTRE LES MULOTS[1].

Sortez, sortez d'ici, mulots !
Ou j' vais vous brûler les crocs !
  Quittez, quittez, ces blés !
  Allez, vous trouverez,
  Dans la cave du curé,
  Plus à boire qu'à manger.

[1] Les vers malicieux à l'endroit du curé, qui se lisent dans ce morceau et dans celui de la page 192, datent de la même époque que la superstition de ces exorcismes. Ils sont l'écho des dispositions satiriques que le pauvre peuple nourrissait contre le clergé riche et puissant. Aujourd'hui c'est le paysan

EXORCISMES.

(Au nom de saint Nicaise.)

———

Rats et rates, souviens-toi,
Que c'est aujourd'hui la Saint-Nicaise.
Tu partiras de chez moi,
Sans attendre ton aise,
Pour aller à..... en poste,
Tu t'en iras trois par trois.

———

Taupes et mulots,
Sortez de l'enclos !
Allez chez le curé,
Beurre et lait
Vous y trouverez,
Tout à planté.

qui s'enrichit d'année en année : il est devenu propriétaire du sol qu'il cultive ; grâce aux chemins de fer qui pénètrent partout, il vend à la ville ses produits contre de beaux écus sonnants ; en bien des endroits son aisance est celle d'un bourgeois.

De curés, au contraire, combien en reste-t-il ? Il n'y en a plus que dans les chefs-lieux cantonaux. Le prêtre de campagne n'est plus que le pauvre desservant voué à une vie de sacrifice et de sujétion.

L'ORAISON DU LOUP.

—

— Où vas-tu, loup?
— Je vais, je ne sais où,
Chercher bête égarée,
Ou bête mal gardée.
— Loup, je te défends,
Par le grand Dieu puissant,
De plus de mal leur faire,
Que la Vierge, bonne mère,
N'en fit à son enfant.

On dit que, lorsque l'abbé de Luxeuil séjournait dans son château, les manants battaient l'eau des fossés pour faire taire les grenouilles qui, par leurs coassements, pouvaient troubler son sommeil. Tout en la battant, ils devaient chanter :

Pâ, pâ, rénotte, pâ ;
Vêci Monsieur l'abbé, que Dieu ga.

(Paix, paix, rainette [petite grenouille], paix, voici M. l'abbé, que Dieu garde.)

Le fait est-il vrai ? Nous ne saurions l'affirmer, nous rappellerons seulement que ces deux vers ont une lointaine analogie avec les exorcismes et les brandons. De toute manière, ils caractérisent fort bien un état de choses abusif que la Révolution française a heureusement supprimé : cette richesse fastueuse, cette mollesse des gens d'église, qui, loin de se faire « les serviteurs de la chrétienté » et du pauvre monde, exerçaient tous les droits seigneuriaux sur leurs vassaux, leurs « fidèles », tenus de peiner pour eux.

Légendes, Chansons de Filasse
et de Filerie, Noëls, Ballades.

Il n'y a qu'un seul Dieu,
Il n'y a qu'un seul Dieu.

Dis-moi pourquoi deux,
Dis-moi pourquoi deux?
— Il y a deux Testaments.
Il n'y a qu'un seul Dieu.
Il n'y a qu'un seul Dieu.

Dis-moi pourquoi trois,
Dis-moi pourquoi trois?
— Il y a trois grands patriarches,
Il y a deux Testaments,
Il n'y a qu'un seul Dieu,
Il n'y a qu'un seul Dieu.

Dis-moi pourquoi quatre,
Dis-moi pourquoi quatre?
— Il y a quatre évangélistes,
Il y a trois grands patriarches,
Il y a deux Testaments,
Il n'y a qu'un seul Dieu,
Il n'y a qu'un seul Dieu.

Dis-moi pourquoi cinq,
Dis-moi pourquoi cinq?
— Il y a cinq livres de Moïse,
Il y a quatre évangélistes,
Il y a trois grands patriarches,
Il y a deux Testaments,
Il n'y a qu'un seul Dieu,
Il n'y a qu'un seul Dieu.

Dis-moi pourquoi six,
Dis-moi pourquoi six?
— Six urn's de vin remplies
A Cana, en Galilée,
Il y a cinq livres de Moïse,
Il y a quatre évangélistes,

Il y a trois grands patriarches,
Il y a deux Testaments,
Il n'y a qu'un seul Dieu,
Il n'y a qu'un seul Dieu.

Dis-moi pourquoi sept,
Dis-moi pourquoi sept?
— Il y a sept sacrements,
Six urn's de vin remplies
A Cana, en Galilée,
Il y a cinq livres de Moïse,
Il y a quatre évangélistes,
Il y a trois grands patriarches,
Il y a deux Testaments,
Il n'y a qu'un seul Dieu,
Il n'y a qu'un seul Dieu.

Dis-moi pourquoi huit,
Dis-moi pourquoi huit?
— Il y a huit béatitudes,
Il y a sept sacrements,
Six urn's de vin remplies
A Cana, en Galilée,

Il y a cinq livres de Moïse,
Il y a quatre évangélistes,
Il y a trois grands patriarches,
Il y a deux Testaments,
Il n'y a qu'un seul Dieu,
Il n'y a qu'un seul Dieu.

Dis-moi pourquoi neuf,
Dis-moi pourquoi neuf?
— Il y a neuf chœurs des anges,
Il y a huit béatitudes,
Il y a sept sacrements,
Six urn's de vin remplies
A Cana, en Galilée,
Il y a cinq livres de Moïse,
Il y a quatre évangélistes,
Il y a trois grands patriarches,
Il y a deux Testaments,
Il n'y a qu'un seul Dieu,
Il n'y a qu'un seul Dieu.

Dis-moi pourquoi dix,
Dis-moi pourquoi dix?

— Il y a dix commandements,
Il y a neuf chœurs des anges,
Il y a huit béatitudes,
Il y a sept sacrements,
Six urn's de vin remplies
A Cana, en Galilée,
Il y a cinq livres de Moïse,
Il y a quatre évangélistes,
Il y a trois grands patriarches,
Il y a deux Testaments,
Il n'y a qu'un seul Dieu,
Il n'y a qu'un seul Dieu.

Dis-moi pourquoi onze,
Dis-moi pourquoi onze ?
— Il y a onze cent mill' vierges,
Il y a dix commandements,
Il y a neuf chœurs des anges,
Il y a huit béatitudes,
Il y a sept sacrements,
Six urn's de vin remplies
A Cana, en Galilée,
Il y a cinq livres de Moïse,

Il y a quatre évangélistes,
Il y a trois patriarches,
Il y a deux Testaments,
Il n'y a qu'un seul Dieu,
Il n'y a qu'un seul Dieu.

Dis-moi pourquoi douze,
Dis-moi pourquoi douze ?
— Il y a douze apôtres,
Il y a onze cent mill' vierges,
Il y a dix commandements,
Il y a neuf chœurs des anges,
Il y a huit béatitudes,
Il y a sept sacrements,
Six urn's de vin remplies
A Cana, en Galilée,
Il y a cinq livres de Moïse,
Il y a quatre évangélistes,
Il y a trois patriarches,
Il y a deux Testaments,
Il n'y a qu'un seul Dieu,
Il n'y a qu'un seul Dieu.

NOËL.

D'où viens-tu bergère,
      D'où viens-tu?
— Je viens de l'étable,
De m'y promener :
J'ai vu un miracle
Le soir arrivé.

Qu'as-tu vu bergère,
      Qu'as-tu vu?
— J'ai vu dans la crèche,
Un petit enfant,
Sur la paille fraîche,
Mis bien tendrement.

Rien de plus bergère,
      Rien de plus?

— Saint' Marie, sa mère,
Qui lui fait boir' du lait,
Saint Joseph, son père,
Qui tremble de froid.

Rien de plus bergère
Rien de plus ?
— Y a le bœuf et l'âne
Qui sont par-devant,
Avec leur haleine,
Réchauffent l'enfant.

Rien de plus bergère,
Rien de plus?
— Y a trois petits anges
Descendus du ciel,
Chantant les louanges
Du Père éternel.

E. GAGNON. (*Chansons populaires du Canada.*
Québec. Desbarats, édit., 1865.)

NOËL.

Entre le bœuf et l'âne gris,
Dors, dors, dors le petit fils :
    Mille anges divins,
    Mille séraphins,
    Volent à l'entour
De ce grand Dieu d'amour.

Entre les deux bras de Marie,
Dors, dors, dors le fruit de la vie :
    Mille anges divins,
    Mille séraphins,
    Volent à l'entour
De ce grand Dieu d'amour.

Entre les roses et les lis,
Dors, dors, dors le petit fils :
    Mille anges divins,
    Mille séraphins,
    Volent à l'entour
De ce grand Dieu d'amour.

Entre les pastoureaux jolis,
Dors, dors, dors le petit fils :
Mille anges divins,
Mille séraphins,
Volent à l'entour
De ce grand Dieu d'amour.

En ce beau jour si solennel,
Dors, dors, dors l'Emmanuel :
Mille anges divins,
Mille séraphins,
Volent à l'entour
De ce grand Dieu d'amour.

Entre les larmes sur la croix,
Dors, dors, dors le Roi des rois :
Mille Juifs mutins,
Cruels assassins,
Crachent à l'entour
De ce grand Dieu d'amour.

(*Vieux Noëls*. Nantes. Libaros, 1876.)

Ce Noël a des qualités bien tranchées. On ne peut l'oublier, l'ayant une fois entendu. Le lecteur n'en sera que plus frappé de l'injustice des sentiments qui se sont perpétués trop long-temps contre une race cruellement persécutée par les chrétiens. On reste quelque peu saisi en rencontrant, sous le couvert de l'amour séraphique, l'explosion, à la fois violente et habilement ménagée, de ce cri de haine.

LE NOËL DES BERGERS.

Michaut veillait,
Le soir dans sa chaumière,
Près du hameau,
Il gardait son troupeau.
Le ciel brillait
D'une vive lumière,
Il se mit à chanter :
Je vois, je vois l'étoile du berger,
Je vois, je vois l'étoile du berger.

Au bruit qu'il fit,
Le pasteur de Judée,
Tout en sursaut,
S'en va trouver Michaut :
Ah ! qu'il lui dit,
La Vierge est accouchée
A l'heure de minuit.

Voilà, voilà ce que l'Ange a prédit,
Voilà, voilà ce que l'Ange a prédit.

La Vierge était
Assise auprès la crèche,
L'âne mangeait,
Et le bœuf la chauffait ;
Joseph priait
Sans chandelle ni mèche ;
Dans son simple appareil,
Jésus, Jésus brillait comme un soleil,
Jésus, Jésus brillait comme un soleil.

LA LÉGENDE DE SAINT NICOLAS.

—

Il était trois petits enfants,
Qui s'en allaient glaner aux champs.
. . . . ?
. . . . ?

S'en vont un soir chez un boucher :
— Boucher, voudrais-tu nous loger ?
— Entrez, entrez, petits enfants,
Il y a de la place assurément.

Ils n'étaient pas sitôt entrés,
Que le boucher les a tués,
Les a coupés en p'tits morceaux,
Mis au saloir comme pourceaux.

Saint Nicolas, au bout de sept ans,
Saint Nicolas vint dans ce champ.
Il s'en alla chez le boucher :
— Boucher, voudrais-tu me loger ?

— Entrez, entrez, saint Nicolas,
Il y a d' la place, il n'en manque pas.
Il n'était pas sitôt entré,
Qu'il a demandé à souper.

— Voulez-vous un morceau d' jambon ?
— Je n'en veux pas, il n'est pas bon !
— Voulez-vous un morceau de veau ?
— Je n'en veux pas, il n'est pas beau !

Du p'tit salé je veux avoir,
Qu'il y a sept ans qu'est dans l' saloir !
Quand le boucher entendit cela,
Hors de sa porte il s'enfuya.

— Boucher, boucher, ne t'enfuis pas,
Repens-toi, Dieu te pardonn'ra.
Saint Nicolas posa trois doigts
Dessus le bord de ce saloir.

Le premier dit : J'ai bien dormi !
Le second dit : — Et moi aussi !
Et le troisième répondit :
— Je croyais être en paradis.

(Vermandois, Beauvaisis,
Saint-Nicolas-du-Port, en Lorraine.)

CHANSONS DE FILASSE.

Quand la bergère s'en va-t-aux champs,
La quenouillett' s'en va en filant.
>> Elle tourńe,
>> Elle mouille,
>> Elle file,
>> Elle coud,
>> Elle va,
>> Elle vient,
Elle appelle son chien,
Tiens, Taupin, tiens,
Tiens, tiens, tiens, Taupin !
>> Tiens !
Du pain.

(Poitou.)

LES AGNEAUX VONT AUX PLAINES!

—

Ého ! ého ! ého !
Les agneaux vont aux plaines,
Ého ! ého ! ého !
Et les loups sont aux bos.

Tant qu'aux bords des fontaines,
Ou dans les frais ruisseaux,
Les moutons baign'nt leurs laines,
Y dansent au préau.

Ého ! ého ! ého !
Les agneaux vont aux plaines,
Ého ! ého ! ého !
Et les loups sont aux bos.

Mais queuq'fois par vingtaines
Y s'éloign'nt des troupeaux,
Pour aller sous les chênes,
Qu'ri des herbag's nouveaux.

Ého! ého! ého!
Les agneaux vont aux plaines,
Ého! ého! ého!
Et les loups sont aux bos.

Et en ombr's lointaines,
Leurs y cach'nt leurs bourreaux;
Malgré leurs plaintes vaines,
Les loups croq'nt les agneaux.

Ého! ého! ého!
Les agneaux vont aux plaines,
Ého! ého! ého!
Et les loups sont aux bos.

T'es mon agneau, ma reine:
Les grand's vill's c'est les bos;
Par ainsi donc, Mad'leine,
N' t'en va pas du hameau.

Ého! ého! ého!
Les agneaux vont aux plaines,
Ého! ého! ého!
Et les loups sont aux bos.

F. Fertiault

AUBÉPINE.

Aubépine, mon bien,
Je te cueille et te prends :
Si je meurs en chemin,
Sers-moi de sacrement.

(Populaire.)

Ardennes. — L'aubépine, la fleur blanche, la fleur du printemps, était vénérée dans nos campagnes. On en faisait un emblème de pureté, et on lui prêtait des vertus merveilleuses ; on en portait aussi une branche contre le tonnerre.

(Note de M. TARBÉ.)

LES CHEMINS DEVRAIENT FLEURIR !

Les chemins devraient fleurir,
Tant belle épousé(e) va sortir ;
Devraient fleurir , devraient germer,
Tant belle épousé(e) va passer.

Les chemins devraient gémir,
Tant belle morte va sortir ;
Devraient gémir, devraient pleurer,
Tant belle morte va passer.

(Traduit de l'Aveugle de Castel-Cuillé.) JASMIN, 1835.

MON DOUX JÉSUS J'AI RENCONTRÉ.
(Ballade.)

—

L'autre jour en me promenant,
Mon doux Jésus j'ai rencontré.

Mon cœur volé ! vole ! vole !
Mon cœur vole vers les cieux !

M'a dit : Ma fille, qu'est-ce que vous cherchez ?
— Mon doux Jésus, j'allais vous chercher.

M'a dit : Ma fille, qu'est-ce que vous voulez ?
— Mon doux Jésus, l'humilité.

L'humilité, la charité,
Aussi la sainte chasteté :

Ce sont les dons d'amour parfait.
— M'a dit : Ma fille, vous les aurez.

Mon cœur vole ! vole ! vole !
Mon cœur vole vers les cieux !

Chansons de Métiers.

LE TRAVAIL.

—

Un jour d'été, je m' suis levé;
Je descendis dans mon jardin.
  Gentil coqli qui bertin,
    Bis cajoli,
    Gentil coqli qui.

Je descendis dans mon jardin,
Pour y cueillir un romarin.
    Gentil, etc.

Pour y cueillir un romarin,
Un rossignol vint sur ma main.
    Gentil, etc.

Un rossignol vint sur ma main,
Il me dit trois mots en latin.
   Gentil, etc.

Il me dit trois mots en latin,
Mes bons enfants, travaillez bien.
   Gentil, etc.

Mes bons enfants, travaillez bien,
Car si vous n' travaillez pas bien.
   Gentil, etc.

Car si vous n' travaillez pas bien,
Vous n'aurez rien avec votr' pain.
   Gentil, etc.

Vous n'aurez rien avec votr' pain,
Et puis vous mourrez de faim.
   Gentil coqli qui bertin,
     Bis cajoli,
     Gentil coqli qui [1].

[1] Ardennes. — Collection de M. Nozot.

LE COMPAGNON DU TOUR DE FRANCE.

—

Partons, chers compagnons,
Le devoir nous engage;
Partons, voici le temps
Qu'il nous faut battre aux champs.

.   .   .   .

Là-bas dans ces prairies,
Ces coteaux, ces verdures,
On entend les oiseaux,
Chanter les airs nouveaux;
Ils disent, compagnons,
Dans leur charmant langage :
Pour avoir du plaisir,
Il est temps de partir.

(Le Compagnon du tour de France.)
RATHERY (Moniteur, 15 juin 1853).

LES MARINS DE LA GOËLETTE.

Les marins de la goëlette,
Vire, vire la viroulette,
Les marins de la goëlette
Voilà des drôles de marins.
Quand ils montent sur leur navire,
Vire, la viroulette, vire...
Quand ils montent sur leur navire,
Ils emportent les tambourins.

Puis s'il arrive une tempête,
Vire, vire, la viroulette,
Puis, s'il arrive une tempête,
Vous ne savez pas ce qu'ils font?
De peur que le bateau chavire,
Vire, la viroulette, vire...
De peur que le bateau chavire,
Ils dansent en rond sur le pont.

Alph. DAUDET (*les Absents*).

AVEINE, AVEINE!

(L'été.)

Voulez-vous savoir comment, comment
On sème l'aveine ?
Mon père la semait ainsi,
Puis se reposait à demi.
Frappe du pied, puis de la main !
Un petit tour pour ton voisin !
Aveine, aveine, aveine,
Que le beau temps t'amène.

Voulez-vous savoir comment, comment
On plante l'aveine ?
Mon père la plantait ainsi,
Puis se reposait à demi.
Frappe du pied, puis de la main !
Un petit tour pour ton voisin !
Aveine, aveine, aveine,
Que le beau temps t'amène.

Voulez-vous savoir comment, comment
On coupe l'aveine ?
Mon père la coupait ainsi,

Puis se reposait à demi.
Frappe du pied, puis de la main !
Un petit tour pour ton voisin !
Aveine, aveine, aveine,
Que le beau temps t'amène.

Voulez-vous savoir comment, comment
On mange l'aveine ?
Mon père la mangeait ainsi,
Puis se reposait à demi.
Frappe du pied, puis de la main !
Un petit tour pour ton voisin !
Aveine, aveine, aveine,
Que le beau temps t'amène.

(Poitou.)

CHŒUR.

Avoine, avoine, avoine,
Que le bon Dieu t'amène.
Qui veut savoir
Et qui veut voir
Comment on doit battre l'avoine ?
Mon père la battait ainsi.
Puis il se reposait ainsi.

CHŒUR.

Avoine, avoine, avoine,
Que le bon Dieu t'amène.

LA COUPE AU VIN.

La voilà, la joli' coupe,
Coupi, coupons, coupons le vin.
La voilà, la joli' coup' la la,
La voilà, la joli' coupe au vin.

Et de coupe en pagne, en pagne,
Pagni, pagnons, pagnons le vin,
La voilà, la joli' pagn' la la :
La voilà, la joli' pagne au vin.

Et de pagne en hotte, en hotte
Hotti, hottons, hottons le vin ;
La voilà, la joli' hott' la la,
La voilà, la joli' hotte au vin.

Qui veut savoir
Et qui veut voir
Comment on vanne l'avoine ?
Mon père la vannait ainsi,
Puis il se reposait ainsi.

CHŒUR.

Avoine, avoine, avoine,
Que le bon Dieu t'amène.

On imite ainsi toutes les opérations de la moisson, puis on termine en disant : « Mon père la mangeait ainsi. »

Et de hotte en cube, en cube,
Cubi, cubons, cubons le vin;
　La voilà, la joli’ cub’ la la,
La voilà, la joli’ cube au vin.

Et de cube en foule, en foule,
Fouli, foulons, foulons le vin ;
　La voilà, la joli’ foul’ la la,
La voilà, la joli’ foule au vin.

Et de foule en presse, en presse,
Pressi, pressons, pressons le vin ;
　La voilà, la joli’ press’ la la,
La voilà, la joli’ presse au vin.

Et de presse en tonne, en tonne,
Tonni, tonnons, tonnons le vin ;
　La voilà, la joli’ tonn’ la la,
La voilà, la joli’ tonne au vin.

Et de tonne en tire, en tire,
Tiri, tirons, tirons le vin;
　La voilà, la joli’ tir’ la la,
La voilà, la joli’ tire au vin.

Et de tire en verse, en verse,
Versi, versons, versons le vin ;
La voilà, la joli' vers' la la,
La voilà, la joli' verse au vin.

Et de verse en boisse, en boisse,
Boissi, boissons, buvons le vin ;
La voilà, la joli' boiss' la la,
La voilà, la joli' boisse au vin.

(Berry.)

BUJEAUD. (*Chants et Chansons populaires des Provinces de l'Ouest.*)

Cette pièce et la précédente, ainsi que la Chanson de la laine, peuvent fournir une indication utile aux auteurs ou maîtres qui songeraient à composer des exercices scolaires où l'on ferait imiter aux enfants les divers métiers, avec des paroles appropriées à cette gymnastique d'ensemble et amusante, que l'on organiserait de la sorte.

(Voyez le *Jeu du Blé* de Mme Pape-Carpentier, page 234.)

LA CHANSON DE LA CHARRUE AUX BŒUFS.

—

O éheu ! de pardieu ! éheu !
Fromentin et Rogeul,
Et Grivel, ce bon bœuf !
Allez toute la voye.
Que larrons ne vous voient,
Vous emmèneraient à Troyes,
Et de Troyes à Châlons.
Changer à bons Lyons.
De traire [1] vous semons !
Et d'aller au charron.
Teurre [2] bonnot, faillon !

[1] et [2] Tirer, tire.

Cette chanson est extraite de la *Passion de Monseigneur saint Didier,* évêque de Langres.

Nicolas Flameng, auteur de ce mystère, composé en 1482, le fait chanter par un charruyer qui cause avec Didier. Elle était alors populaire.

(Note de M. TARBÉ.)

LES « FORESTIERS » (BUCHERONS) DU CANADA.

Voici l'hiver arrivé,
Les rivières sont gelées,
C'est le temps d'aller au bois,
Manger du lard et des pois!
Dans les chantiers nous hivernerons,
Dans les chantiers nous hivernerons.

Pauv' voyageur que t'as de la misère,
Souvent tu couches par terre,
A la pluie, au mauvais temps,
A la rigueur de tous les temps!
Dans les chantiers nous hivernerons,
Dans les chantiers nous hivernerons.

Quand ça vient sur le printemps,
Chacun craint le mauvais temps,
On est fatigué du pain,
Pour du lard on n'en a point.
Dans les chantiers, ah! n'hivernons plus;
Dans les chantiers, ah! n'hivernons plus.

E. GAGNON. (*Chants populaires du Canada.*
Québec. Desbarats, éditeur. 1865.)

On compte au Canada près de trois millions d'habitants qui

LES PIQUEURS DE GRÈS
de la Forêt de Fontainebleau.

—

Tous les piqueurs de grès,
Sont de fameux sujets,
C'est à Fontainebleau,
Ce qu'il y a de plus beau.

Ah! si le roi savait
Qu'on est bien en forêt,
Il quitterait son beau
Château de Fontainebleau.

(Le Conseiller des enfants, 1853.)
Communiqué par M. Rolland.

———

descendent des colons français et qui parlent encore aujourd'hui notre langue. Cette chanson, qui met en scène les descendants de nos compatriotes, défrichant la forêt vierge, perdus dans le pays des lacs, et exprimant leurs sentiments dans la langue française à laquelle ils sont restés fidèles, intéresse donc à un double titre les enfants de la France.

15

LA LANO.

Quand ven lou mes de mai
Les toundeires venoun,
Toundoun la nuech, toundoun lou jour,
Pendent un mes, et quinze jours,
Et tres semanos,
Toundon la lano
D'agnels et blancs moutous [1].

TRADUCTION.

Quand vient le mois de mai
Les tondeurs viennent;
Tondent la nuit, tondent le jour,
Pendant un mois et quinze jours
Et trois semaines;
Tondent la laine
D'agneaux et blancs moutons.

[1] Nous le rétablissons ainsi :

« D'agnels et blancs moutous »,

d'après une correction proposée par M. Eug. Garcin, l'auteur du livre si patriotique : *les Français du Nord et du Midi.*

Les toundeires s'en van,
Les lavaires venoun,
Lavoun la nuech, lavoun lou jour,

Les lavaires s'en van,
Les cardaires venoun,
Cardoun la nuech, cardoun lou jour,

Les cardaires s'en van,
Les fieraires venoun,
Fieroun la nuech, fieroun lou jour,

Les tondeurs s'en vont,
Les laveurs viennent;
Lavent la nuit, lavent le jour.

Les laveurs s'en vont,
Les cardeurs viennent;
Cardent la nuit, cardent le jour.

Les cardeurs s'en vont
Les fileurs viennent;
Filent la nuit, filent le jour.

M. Garcin nous écrit : « On n'a pas pu dire : La laine d'agne-
« lots, blancs moutons, mais : La lano d'agnels *et* blancs mou-
« to*us*.

« Dans la basse Provence on dit « môutouns » ; mais dans la
« partie haute, dans les Bassos-Alpes, comme d'ailleurs dans
« le Languedoc et la Gascogne, on dit « moutous ». Remarquez
« d'ailleurs que par là on rétablit la rime populaire d'asso-
« nance. »

Les fieraires s'en van,
Les facturiers venoun,
Teissoun la nuech...

Les facturiers s'en van,
Les talhurs venoun,
Talhoun la nuech...

Les talhurs s'en van,
Les praticos venoun,
Crompoun la nuech...

Les praticos s'en van,
Les patiaires venoun,
Patiez la nuech, patiez lou jour,

Les fileurs s'en vont,
Les tisseurs viennent,
Tissent la nuit, tissent le jour.

Les tisseurs s'en vont,
Les tailleurs viennent,
Taillent la nuit, taillent le jour.

Les tailleurs s'en vont,
Les chalands (les pratiques) viennent,
Achètent la nuit, achètent le jour.

Les chalands s'en vont,
Les chiffonniers viennent,
Amassent chiffons la nuit, amassent chiffons le jour,

Pendent un mes, et quinze jours,
Et tres semanos,
Patiez la lano
D'agnels et blancs moutous.

DAMAS-ARBAUD. (*Chants populaires de la Provence.*)

Pendant un mois et quinze jours
Et trois semaines,
Amassent chiffons de laine,
D'agneaux et blancs moutons.

Une variante de cette ronde est chantée dans la vallée de Barcelonnette ; M. Damas-Arbaud n'en cite que le premier couplet :

Qu'y a-t-il encore à faire
Dedans la maison ?
Il y a à tondre la laine
De nos moutons.
Tondons la nuit, tondons le jour,
Tondons-les trois semaines,
La lon, la lon, la laine.

N. B. *Nous désirerions posséder tout entière cette variante de la vallée de Barcelonnette et serions bien reconnaissant à la personne qui voudrait l'adresser à la « Mélusine », Paris. Viaut, 42, rue St-André-des-Arts.*   P. K.

LE PETIT PASTOUREAU.

Quand j'étais chez mon père,
Tout petit pastoureau,
Je ne savais rien faire
Que garder mon troupeau.

Un jour le loup me happe
Mon agneau le plus beau,
Mais mon chien le rattrape,
Et je sauve la peau.

Je m'en fais un' capote
Contre le vent et l'eau,
Et j'ai mis la queuyotte
Pour plum' à mon chapeau.

Puis d'un os à la moelle
J'ai fait un chalumeau.
Dansez au son, les belles,
A l'ombre de l'ormeau.

LA CHANSON DU PETIT PASTOUREAU.

—

Quand j'étais chez mon père
Tout petit pastouriau,
J'allais garder mes bêtes
Dessous le grand ormiau.

Eh! houp, la, la!
Gens de la Brenne,
Qu'en dira-t-on
D'la montaigne?
La faridondaine!
Houp! la, lon!
Tra, la, la, la, la, la, la, laire!

Le loup, il est venu,
M'a mangé le plus biau,
S'il n'eût été goulu,
Il m'eût laissé la piau! — Eh! houp.

Pour m'en faire une veste
Et m'garantir de l'iau,
Et le bout de la queue,
Pour mettre à mon capiau ! — Eh! houp.

Et puis l'os de la cuisse,
Pour m'faire un calumiau
Pour fair' danser les filles
Dessous le grand ormiau.

Eh! houp, la, la!
Gens de la Brenne,
Qu'en dira-t-on
D'la montaigne?
La faridondaine!
Houp! la, lon!
Tra, la, la, la, la, la, la, laire [1]!

TARBÉ.

[1] Pailly, Brennes (Haute-Marne). Collection de M. Carnan-
det. — La Brenne, petit ruisseau qui prend sa source au village de Brennes-lès-Langres.

LE PETIT MOUSSE.

Il était un petit navire (*bis*)
Qui sur la mer s'en est allé (*bis*).

Voilà qu'au bout d'une semaine,
Le pain, le vin leur a manqué.

Ils tirent à la courte paille,
Savoir qui qui sera mangé.

Le p'tit mousse qui fait les pailles,
La plus courte lui a tombé.

Il pleure, il crie : « O Vierge-Mère,
Sera donc moi sera mangé ! »

Mais au grand mât voilà qu'il monte ;
Il ne voit qu'eau de tous côtés.

Il monte encore jusqu'à la pomme,
Il voit la terre ! il est sauvé !

Et tous, ils chantent : terre, terre !
Et tous, ils chantent : terre, terre !

Le p'tit mousse, i' n' s'ra pas mangé !
Le p'tit mousse, i' n' s'ra pas mangé ![1]

[1] Voir dans le Supplément le Gworziou breton : *les Matelots.*

LE JEU DU BLÉ.

Tica, tica, tac,
Dans le moulin
Le bon grain
Devient belle farine.
Tica, tica, tac,
Dans le moulin
La meule en tournant écrase le grain.

Gué, gué bons paysans,
Le monde a faim, du courage !
A l'ouvrage.
Gué, gué, bons paysans.
Vive les bœufs, la charrue et les champs.

Mⁿᵉ Marie PAPE-CARPANTIER.
(Jeux gymnastiques, Hachette, édit.)

LE JEU DU BLÉ.

Les geindres font trop d'embarras.
Amis ne les imitons pas.
Sans crier : hein! sans crier : ah!
Faisons la pâte à tour de bras.

Gué, gué, bons paysans,
Le monde a faim, du courage!
A l'ouvrage,
Gué, gué, bons paysans.
Vive les bœufs, la charrue et les champs.

Mᵐᵉ Marie PAPE-CARPANTIER.
(*Jeux gymnastiques.* Hachette, édit.)

Chansons d'Écoliers.

Je suis un petit garçon,
De bonne figure,
Qui aime bien les bonbons
Et les confitures.
Si vous voulez m'en donner,
Je saurai bien les manger.
La bonne aventure,
O gai !
La bonne aventure.

Je serai sage et bien bon,
Pour plaire à ma mère ;
Je saurai bien ma leçon,
Pour plaire à mon père.

Je veux bien les contenter,
Et s'ils veulent m'embrasser,
La bonne aventure,
O gai !
La bonne aventure.

Lorsque les petits garçons,
Sont gentils et sages !
On leur donne des bonbons,
De belles images ;
Mais quand ils se font gronder,
C'est le fouet qu'il faut donner.
La triste aventure,
O gai !
La triste aventure.

Les deux pièces : *la Bonne Aventure*, et *Jésus à l'école*, figurent dans ce Recueil à titre de documents.

JÉSUS A L'ÉCOLE.

—

Un petit Jésus allait à l'école,
Emportant sa croix dessus son épaule,
Quand il savait sa leçon,
On lui donnait du bonbon,
Une pomme douce,
Pour mettre à sa bouche ;
Un bouquet de fleurs,
Pour mettre à son cœur.
C'est pour lui, c'est pour moi.
Que Jésus est mort en croix.

M. Tarbé, en citant ce couplet dans son *Romancéro,* dit qu'il
s'est chanté dans les écoles de Reims ; nous devons ajouter qu'il
se chante encore de nos jours dans les écoles de Paris.

L'ÉCOLIER AU PETIT JÉSUS.

(Prière.)

—

— Où est le petit Jésus?

— Dans mon cœur.

— Qui l'a mis?

— C'est la grâce.

— Qui l'a ôté?

— C'est le péché.

— Ah! maudit péché

Qui a ôté

Le petit Jésus

Dedans mon cœur!

Revenez, revenez, petit Jésus

Dedans mon cœur,

Je ne pécherai plus.

(Yonne. — *La Mélusine.*)

Les papas et les mamans,
Sont des gens bien contrariants :
Pour la moindre petite sottise,
Vite, ils relèvent la chemise
Et pan! pan! pan!
Sur le cul du petit enfant.

Blavignac (l'Empro génevois).

Oh! maman mignonne,
Si vous m'aimez bien,
Prenez une verge,
Fouettez-moi bien,
Car je vous assure
Que les petits enfants
Ont de la malice
Avant que d'être grands.

Blavignac (l'Empro génevois.)

Chansons historiques.

LE ROI DE SAVOIE.

Ronde du Puy.

—

C'était le roi de Savoie,
C'est le roi des bons enfants,
Il s'était mis dans la tête
De détrôner le sultan.
Et rantanplan, gare, gare, gare,
Et rantanplan, gare de devant.

Il s'était mis dans la tête
De détrôner le sultan;
Il composa une armée
De quatre-vingts paysans.
Et rantanplan, etc.

16

Il composa une armée
De quatre-vingts paysans;
Il prit pour artillerie
Quatre canons de fer-blanc,
    Et rantanplan, etc.

Il prit pour artillerie
Quatre canons de fer-blanc,
Et pour toute cavalerie,
Les ânes du couvent.
    Et rantanplan, etc.

Et pour toute cavalerie,
Les ânes du couvent;
Ils étaient chargés de vivres
Pour nourrir le régiment.
    Et rantanplan, etc.

Ils étaient chargés de vivres
Pour nourrir le régiment;
Ils montèrent sur une montagne:
Mon Dieu, que le monde est grand!
    Et rantanplan, etc.

Ils montèrent sur une montagne :
Mon Dieu, que le monde est grand !
Ils virent une petite rivière
Qu'ils prirent pour l'Océan.
     Et rantanplan, etc.

Ils virent une petite rivière
Qu'ils prirent pour l'Océan ;
En voyant venir l'ennemi :
Sauve qui peut, allons-nous-en !
     Et rantanplan, etc.

(L'Art en Province, 1857-1858, p. 39.)

Reproduit par la revue « *Mélusine* », numéro du 5 janvier 1877.

LE ROI DAGOBERT.

Le bon Roi Dagobert
Avait sa culotte à l'envers;
  Le grand saint Éloi
  Lui dit : O mon Roi!
  Votre majesté
  Est mal culotté.
C'est vrai, lui dit le Roi,
Je vais la remettre à l'endroit.

Le bon Roi Dagobert
Fut mettre son bel habit vert;
  Le grand saint Éloi
  Lui dit : O mon Roi!
  Votre habit paré
  Au coude est percé.
C'est vrai, lui dit le Roi,
Le tien est bon, prête-le-moi.

Du bon Roi Dagobert
Les bas étaient rongés des vers :
    Le grand saint Éloi
    Lui dit : O mon Roi !
    Vos deux bas cadets
    Font voir vos mollets.
C'est vrai, lui dit le Roi,
Les tiens sont neufs, donne-les-moi.

Le bon Roi Dagobert
Faisait peu sa barbe en hiver ;
    Le grand saint Éloi
    Lui dit : O mon Roi !
    Il faut du savon
    Pour votre menton.
C'est vrai, lui dit le Roi,
As-tu deux sous? prête-les-moi.

Du bon Roi Dagobert
La perruque était de travers ;
    Le grand saint Éloi
    Lui dit : O mon Roi !
    Que le perruquier
    Vous a mal coiffé !

C'est vrai, lui dit le Roi,
Je prends ta tignasse pour moi.

Le bon Roi Dagobert
Portait manteau court en hiver ;
   Le grand saint Éloi
   Lui dit : O mon Roi !
   Votre Majesté
   Est bien écourté.
C'est vrai, lui dit le Roi,
Fais-le rallonger de deux doigts.

Le Roi faisait des vers,
Mais il les faisait de travers ;
   Le grand saint Éloi
   Lui dit : O mon Roi !
   Laissez aux oisons
   Faire des chansons.
Eh bien, lui dit le Roi,
C'est toi qui les fera pour moi.

Le bon Roi Dagobert
Chassait dans la plaine d'Anvers ;

Le grand saint Éloi
Lui dit : O mon Roi !
Votre Majesté
Est bien essoufflé.
C'est vrai, lui dit le Roi,
Un lapin courait après moi.

Le bon Roi Dagobert
Allait à la chasse au pivert ;
Le grand saint Éloi
Lui dit : O mon Roi !
La chasse aux coucous
Vaudrait mieux pour vous.
Eh bien, lui dit le Roi,
Je vais tirer, prends garde à toi.

Le bon Roi Dagobert
Avait un grand sabre de fer ;
Le grand saint Éloi
Lui dit : O mon Roi !
Votre Majesté
Pourrait se blesser.
C'est vrai, lui dit le Roi,
Qu'on me donne un sabre de bois.

Le bon Roi Dagobert
Se battait à tort, à travers;
Le grand saint Éloi
Lui dit : O mon Roi!
Votre Majesté
Se fera tuer.
C'est vrai, lui dit le Roi,
Mets-toi bien vite devant moi.

Le bon Roi Dagobert
Voulait conquérir l'univers;
Le grand saint Éloi
Lui dit : O mon Roi!
Voyager si loin
Donne du tintoin.
C'est vrai, lui dit le Roi,
Il vaudrait mieux rester chez soi.

Le Roi faisait la guerre,
Mais il la faisait en hiver;
Le grand saint Éloi
Lui dit : O mon Roi!
Votre Majesté
Se fera geler.

C'est vrai, lui dit le Roi,
Je m'en vais retourner chez moi.

Le bon Roi Dagobert
Voulait s'embarquer sur mer;
    Le grand saint Éloi
    Lui dit : O mon Roi!
    Votre Majesté
    Se fera noyer.
    C'est vrai, lui dit le Roi,
On pourrait crier : Le Roi boit.

Le bon Roi Dagobert
Avait un vieux fauteuil de fer;
    Le grand saint Éloi
    Lui dit : O mon Roi!
    Votre vieux fauteuil
    M'a donné dans l'œil.
    Eh bien, lui dit le Roi,
Fais-le vite emporter chez toi.

Le bon Roi Dagobert
Mangeait en glouton du dessert;

Le grand saint Éloi
Lui dit : O mon Roi !
Vous êtes gourmand,
Ne mangez pas tant ;
Bah ! bah ! lui dit le Roi,
Je ne le suis pas tant que toi.

Le bon Roi Dagobert
Ayant bu, allait de travers ;
Le grand saint Éloi
Lui dit : O mon Roi !
Votre Majesté
Va tout de côté.
Eh bien, lui dit le Roi,
Quand t'es gris marches-tu plus droit ?

Messieurs, vous plaît-il d'ouïr
L'air du fameux La Palisse?
Il pourra vous réjouir,
Pourvu qu'il vous divertisse.

La Palisse eut peu de bien
Pour soutenir sa naissance;
Mais il ne manqua de rien,
Dès qu'il fut dans l'abondance.

Bien instruit dès le berceau,
Jamais, tant il fut honnête,
Il ne mettait son chapeau,
Qu'il ne se couvrit la tête.

Il était affable et doux,
De l'humeur de feu son père,
Et n'entrait guère en courroux
Si ce n'est dans la colère.

Il buvait tous les matins
Un doigt tiré de la tonne;
Et mangeant chez ses voisins,
Il s'y trouvait en personne.

Il voulait dans ses repas
Des mets exquis et fort tendres,
Et faisait son mardi gras,
Toujours la veille des Cendres.

Ses valets étaient soigneux
De le servir d'andouillettes,
Et n'oubliaient pas les œufs,
Surtout dans les omelettes.

De l'inventeur du raisin,
Il révérait la mémoire;
Et pour bien goûter le vin
Jugeait qu'il fallait en boire.

Il disait que le nouveau
Avait pour lui plus d'amorce;
Et moins il y mettait d'eau
Plus il y trouvait de force.

Il consultait rarement
Hippocrate et sa doctrine,
Et se purgeait seulement
Lorsqu'il prenait médecine.

Il aimait à prendre l'air,
Quand la saison était bonne;
Et n'attendait pas l'hiver
Pour vendanger en automne.

Il épousa, ce dit-on,
Une vertueuse dame;
S'il avait vécu garçon,
Il n'aurait pas eu de femme.

Il en fut toujours chéri;
Elle n'était point jalouse;
Sitôt qu'il fut son mari,
Elle devint son épouse.

D'un air galant et badin,
Il courtisait sa *Caliste*,
Sans jamais être chagrin,
Qu'au moment qu'il était triste.

Il passa près de huit ans
Avec elle fort à l'aise;
Il eut jusqu'à huit enfants,
C'était la moitié de seize.

On dit que dans ses amours
Il fut caressé des belles,
Qui le suivirent toujours,
Tant qu'il marcha devant elles.

Il brillait comme un soleil;
Sa chevelure était blonde :
Il n'eût pas eu son pareil,
S'il eût été seul au monde.

Il eut des talents divers,
Même on assure une chose :
Quand il écrivait en vers,
Qu'il n'écrivait pas en prose.

En matière de rébus,
Il n'avait pas son semblable :
S'il eût fait des impromptus,
Il en eût été capable.

Il savait un triolet
Bien mieux que sa patenôtre ;
Quand il chantait un couplet,
Il n'en chantait pas un autre.

Il expliqua doctement
La physique et la morale :
Il soutint qu'une jument
Est toujours une cavale.

Par un discours sérieux,
Il prouva que la berlue
Et les autres maux des yeux
Sont contraires à la vue.

Chacun alors applaudit
A sa science inouïe :
Tout homme qui l'entendit
N'avait pas perdu l'ouïe.

Il prétendit, en un mois,
Lire toute l'Écriture,
Et l'aurait lue une fois,
S'il en eût fait la lecture.

Par son esprit et son air,
Il s'acquit le don de plaire ;
Le Roi l'eût fait Duc et Pair,
S'il avait voulu le faire.

Mieux que tout autre il savait
A la cour jouer son rôle :
Et jamais lorsqu'il buvait,
Ne disait une parole.

Lorsqu'en sa maison des champs
Il vivait libre et tranquille,
On aurait perdu son temps
De le chercher à la ville.

Un jour il fut assigné
Devant son juge ordinaire ;
S'il eût été condamné,
Il eût perdu son affaire.

Il voyageait volontiers,
Courant par tout le royaume.:
Quand il était à Poitiers,
Il n'était pas à Vendôme.

Il se plaisait en bateau,
Et, soit en paix, soit en guerre,
Il allait toujours par eau,
A moins qu'il n'allât par terre.

Un beau jour, s'étant fourré
Dans un profond marécage,
Il y serait demeuré,
S'il n'eût pas trouvé passage.

Il fuyait assez l'excès;
Mais dans les cas d'importance,
Quand il se mettait en frais,
Il se mettait en dépense.

Dans un superbe tournoi,
Prêt à fournir sa carrière,
Il parut devant le Roi:
Il n'était donc pas derrière.

Monté sur un cheval noir,
Les dames le reconnurent;
Et c'est là qu'il se fit voir
A tous ceux qui l'aperçurent.

Mais, bien qu'il fût vigoureux,
Bien qu'il fît le diable à quatre,
Il ne renversa que ceux
Qu'il eut l'adresse d'abattre.

Il fut, par un triste sort,
Blessé d'une main cruelle;
On croit, puisqu'il en est mort,
Que la plaie était mortelle.

Regretté de ses soldats,
Il mourut digne d'envie,
Et le jour de son trépas
Fut le dernier de sa vie.

Il mourut le vendredi,
Le dernier jour de son âge :
S'il fût mort le samedi,
Il eût vécu davantage.

MORT ET CONVOI DE L'INVINCIBLE MALBROUGH.

—

Malbrough s'en va-t-en guerre,
Mironton, mironton, mirontaine ;
Malbrough s'en va-t-en guerre,
Ne sait quand reviendra.

Il reviendra z-à Pâques,
Mironton, mironton, mirontaine ;
Il reviendra z-à Pâques
Ou à la Trinité.

La Trinité se passe,
Mironton, mironton, mirontaine ;
La Trinité se passe,
Malbrough ne revient pas.

Madame à sa tour monte,
Mironton, mironton, mirontaine ;
Madame à sa tour monte,
Si haut qu'elle peut monter.

Elle aperçoit son page,
Mironton, mironton, mirontaine ;
Elle aperçoit son page,
Tout de noir habillé.

Beau page, ah ! mon beau page,
Mironton, mironton, mirontaine ;
Beau page, ah ! mon beau page,
Quell' nouvelle apportez ?

Aux nouvell's que j'apporte,
Mironton, mironton, mirontaine ;
Aux nouvell's que j'apporte,
Vos beaux yeux vont pleurer.

Quittez vos habits roses,
Mironton, mironton, mirontaine ;
Quittez vos habits roses
Et vos satins brochés.

Monsieur d' Malbrough est mort,
Mironton, mironton, mirontaine ;
Monsieur d' Malbrough est mort,
Est mort et enterré.

J' l'ai vu porter en terre,
Mironton, mironton, mirontaine;
J' l'ai vu porter en terre,
Par quatre z-officiers.

L'un portait sa cuirasse,
Mironton, mironton, mirontaine;
L'un portait sa cuirasse,
L'autre son bouclier.

L'un portait son grand sabre,
Mironton, mironton, mirontaine;
L'un portait son grand sabre,
L'autre ne portait rien.

A l'entour de sa tombe,
Mironton, mironton, mirontaine;
A l'entour de sa tombe,
Romarins l'on planta.

Sur la plus haute branche,
Mironton, mironton, mirontaine;
Sur la plus haute branche,
Le rossignol chanta.

On vit voler son âme,
Mironton, mironton, mirontaine,
On vit voler son âme,
Au travers des lauriers.

Chacun mit ventre à terre,
Mironton, mironton, mirontaine ;
Chacun mit ventre à terre,
Et puis se releva,

Pour chanter les victoires,
Mironton, mironton, mirontaine ;
Pour chanter les victoires,
Que Malbrough remporta.

La cérémonie faite,
Mironton, mironton, mirontaine ;
La cérémonie faite,
Chacun s'en fut coucher.

CADET ROUSSELLE.

Cadet Rousselle a trois maisons
Qui n'ont ni poutres ni chevrons ;
C'est pour loger les hirondelles ;
Que direz-vous d' Cadet Rousselle?
    Ah ! ah ! ah ! mais vraiment,
    Cadet Rousselle est bon enfant !

Cadet Rousselle a trois habits ;
Deux jaunes, l'autre en papier gris ;
Il met celui-là quand il gèle,
Ou quand il pleut et quand il grêle.
        Ah ! ah ! etc.

Cadet Rousselle a trois beaux yeux,
L'un r'garde à Caen, l'autre à Bayeux ;
Comme il n'a pas la vue bien nette,
Le troisième, c'est la lorgnette :
        Ah ! ah ! etc.

Cadet Rousselle a une épée
Très-longue mais toute rouillée ;
On dit qu'elle est encor pucelle,
C'est pour fair' peur aux hirondelles.
Ah ! ah ! etc.

Cadet Rousselle a trois souliers ;
Il en met deux dans ses deux pieds ;
Le troisième n'a pas de semelle,
Il s'en sert pour chausser sa belle.
Ah ! ah ! etc.

Cadet Rousselle a trois cheveux,
Deux pour les fac's, un pour la queue ;
Et quand il va voir sa maîtresse,
Il les met tous les trois en tresse.
Ah ! ah ! etc.

Cadet Rousselle a trois beaux chats,
Qui n'attrapent jamais les rats,
Le troisièm' n'a pas de prunelle,
Et monte au grenier sans chandelle.
Ah ! ah ! etc.

Cadet Rousselle a marié
Ses trois filles dans trois quartiers ;
Les deux premièr' ne sont pas belles,
La troisièm' n'a pas de cervelle.
Ah ! ah ! etc.

Cadet Rousselle a trois deniers,
C'est pour payer ses créanciers ;
Quand il a montré ses ressources,
Il les remet dedans sa bourse.
Ah ! ah ! etc.

Cadet Roussell' s'est fait acteur,
Comme Chénier s'est fait auteur ;
Au café, quand il jou' son rôle,
Les aveugles le trouvent drôle.
Ah ! ah ! etc.

Cadet Roussell' ne mourra pas,
Car avant de sauter le pas,
On dit qu'il apprend l'orthographe
Pour fair' lui-mêm' son épitaphe.
Ah ! ah ! ah ! mais vraiment,
Cadet Rousselle est bon enfant !

Histoires des Bêtes.

QUAND TROIS POULES VONT AUX CHAMPS.

Quand trois poules vont aux champs,
La premièr' march' par devant,
La second' suit la première,
La troisièm' march' la dernière.
Quand trois poules vont aux champs,
La premièr' march' par devant.

LE CRICRI.

Cri ! cri !
Quel est ce cri,
Cette plainte touchante ?
Cri ! cri !
Comme du cri,
De ce grillon qui chante,
Mon cœur est attendri !

LA CIGALE.

Je suis la petite cigale,
Qu'un rayon de soleil régale,
Et qui meurt quand elle a chanté,
Tout l'été.

J. AYCARD [1].

[1] *Poëme de Provence.* Lemerre, éditeur.

LE PETIT COQ: TIC-TOC.

Tic, tac, toc,
Quel est ce coup sec ?
Ric, rac, roc,
C'est d'un petit bec ;
Cric, crac, croc,
La coquille casse ;
Fric, frac, froc,
C'est l'ergot qui passe ;
Clic, clac, cloc,
C'est Coquet Tic-toc,
Flic, flac, floc,
C'est le Petit Coq.

LE POULET.

Petit poulet, petit poulet,
Que fais-tu donc là, s'il te plaît ?

Tu viens toujours dans le parterre,
Au lieu de t'en aller ailleurs ;
Tu nous tires toutes nos fleurs :
Vraiment tu ne te gênes guère.

Petit poulet, petit poulet,
Va-t'en bien vite, s'il te plaît.
Et prends garde qu'on ne te voie :
Petite maman te prendrait,
Et petit papa te battrait.
C'est pour ton bien qu'on te renvoie.

Petit poulet, petit poulet,
Va-t'en bien vite, s'il te plaît.

D. GRAMONT. (Les Bébés.
Hetzel, éditeur.)

MINETS.

—

Venez ici, minets mignons,
Et nous dites vos petits noms,
— Bibi — Raton — Grippefinette.
Mais celui-ci qui ne dit mot,
Et n'a jamais barbette nette,
Ah! celui-ci, c'est Fouille-au-pot.

Et de talent comme de mine,
Chacun d'eux répond à son nom.
Bibi fait sa cour au salon,
Au jardin guette Grippefine,
Raton traque au grenier les rats,
Fouille-au-pot, lui, tient la cuisine,
Et met la cuisinière, hélas!
Souvent en terrible embarras.

J'en sais maints petits chats et chattes
Pareils, qui n'ont pas quatre pattes.

Ch. MARELLE (d'après Hey).

CHAT-FRIAND ET CHAT-FROGNEUX.

Minette a deux petits chatons,
Tous deux bien gentils, bien mignons,
Mais deux petits gourmands tous deux ;
C'est Chat-friand et Chat-frogneux.
Chat-frogneux refrogne sur tout,
Il ne trouve rien à son goût.
Chat-friand veut à tout goûter,
Il ne songe qu'à friander.
Chat-frogneux lèche, eût-il grand faim,
Le beurre et laisse là le pain.
Chat-friand, lui, n'eût-il plus faim,
Ne veut rien laisser pour demain.
Aussi, Chat-frogneux n'est pas gras,
Chat-friand ne profite pas.
Ces pauvres petits, vite, il faut
Les guérir d'un pareil défaut !
Mais pour cela que leur donner ?
« Du bon pain sec pour tout dîner ! »

Ch. Marelle. (Le Petit Monde.
Hetzel, éditeur.)

CHIEN ET CHAT.

—

Une mère avait deux enfants :
   Nicette avec Jean-Pierre.
Tous deux étaient, sinon méchants,
   De mauvais caractère.
Crier par-ci, pleurer par-là,
   On n'entendait que cela
   Dans le logis de la mère
     A Jean-Pierre.

Quel joli petit chien c'était
   Que le chien à Jean-Pierre !
Comme il dansait, comme il sautait
   D'une leste manière !
Médor par-ci, Médor par-là !
   On n'entendait que cela
   Dans le logis de la mère
     A Jean-Pierre.

Or, Nicette, de son côté,
Possédait une chatte,
Blanche et charmante en vérité,
Jouant bien de la patte.
Minette ci, Minette là !
On n'entendait que cela
Dans le logis de la mère
A Jean-Pierre.

Chien et chat ne sont pas d'accord :
La chose est peu nouvelle.
Aussi Minette avec Médor
Se cherchèrent querelle,
Criant par-ci, criant par-là ;
On n'entendait que cela
Dans le logis de la mère
A Jean-Pierre.

Par l'habitude, avec le temps,
Et Médor et Minette,
L'un pour l'autre jadis méchants,
Firent la paix complète,

Jouant par-ci, jouant par-là ;
On ne voyait que cela
Dans le logis de la mère
A Jean-Pierre.

Quand chien et chat sont bien d'accord,
Frère et sœur ne pas l'être !...
C'était honteux ! et le remords
Dans leur cœur vint à naître.
Pardon ! par-ci, pardon ! par-là ;
L'on entendit bien cela
Dans le logis de la mère
A Jean-Pierre.

L. FORTOUL.

MAITRE PIC.

J'ai barbe au menton,
Rouge chaperon,
Un bec qui pénètre
Le chêne et le hêtre.
Bûchant, piochant plus que trois,
Je suis le Pic, le pique-bois.

Un brave ouvrier
Sait plus d'un métier :
Docte en chirurgie,
Charpente et magie,
Savant et fort seul plus que trois,
Je suis le maître ès arts des bois.

L'arbre ou vert ou sec
Passe par mon bec,
J'extrais, j'extermine
Fourmis et vermine.
Adroit et fort seul plus que trois,
Je suis l'opérateur des bois.

Ch. MARELLE.

LA POULE COUVEUSE ET LES CANARDEAUX.

La pauvre poule couveuse,
D'une cane barboteuse
Eût tous les œufs en dépôt;
Pareils aux siens blancs et beaux,
Son tendre amour les tient clos,
Co co co co co co co co,
 Cot cot co det,
 Cot cot co det !
Bientôt sous son aile éclos :
Gloussent, gloussent, gloussent tous les canardeaux.

— Ce sont mes poussins, dit-elle ;
Qu'ils sont jolis ! Sous mon aile
Leurs duvets se sont faits beaux !
Qu'ils sont gentils, vifs et gros,
Tous forts et douze jumeaux !
Co co co co co co co co,
 Cot cot co det,
 Cot cot co det !
N'allez pas si près des eaux ;
Prenez, prenez garde, prenez garde aux flots !

Mais sans écouter la mère,
Accourant vers la rivière,
Tous les hardis canardeaux,
Joyeux de fendre les flots,
Vont barbotant dans les eaux :
Co co co co co co co co,
    Cot cot co det,
    Cot cot co det !
Éveillant tous les échos,
C'est la pauvre poule appelant ses jumeaux.

Plaignez la pauvre couveuse,
Inquiète, malheureuse,
Errante au bord des ruisseaux,
Rappelant ses canardeaux
Qui nagent joyeux et beaux !
Co co co co co co co co,
    Cot cot co det,
    Cot cot co det !
Les œufs qui te sont éclos,
Pauvre oiseau, t'emportent et joie et repos.

Mlle de MONTGOLFIER. (Mélodies
du Printemps. Garnier, édit.)

LE CHEVAL DE BOIS.

—

Da, da, da,
Au pas, mon dada !
Ne va pas, coursier superbe,
D'un bond me coucher sur l'herbe.
Da, da, da, da, da,
Au pas mon dada !

Tro, tro, tro,
Camarade, au trot !
Que ton audace intrépide
Cède à la main qui te guide.
Tro, tro, tro, tro, tro,
Camarade, au trot !

Hop, hop, hop,
Va, vole au galop !

Par les rocs et les broussailles,
Courons ensemble aux batailles.
Hop, hop, hop, hop, hop,
Va, vole au galop !

Doux, doux, doux,
Revenons chez nous !
C'est assez, tu peux m'en croire
Et de périls et de gloire ;
Doux, doux, doux, doux, doux,
Revenons chez nous !

DELCASSO [1].

[1] *Recueil de morceaux de chants,* par DELCASSO et GROSS. (Strasbourg, Dérivaux, éditeur ; et à Paris, chez Ch. Delagrave.)

AU RENOUVEAU QU'IL FAIT DONC BEAU!

Au renouveau
Qu'il fait donc beau !
Disait le blanc papillonneau.
Je vais quitter mon brun manteau
Monter, tourner là-haut, là-haut !
Qu'il fait donc beau !

Qu'il fait donc beau !
Disait Tayau,
Happer de l'air à plein museau,
Courir, lancer le renardeau,
Au son du cor: Tayau, Tayau !
Qu'il fait donc beau !

Qu'il fait donc beau
Sous le roseau !
Disait Tristan le héronneau,

Tout seul guetter un barboteau,
Un pied en l'air, un pied dans l'eau,
Qu'il fait donc beau !

Au renouveau
Qu'il fait donc beau !
Dit Jean le Merle à Jean Moineau,
Danser un pas sur le rameau,
Siffler, flûter notre rondeau,
Qu'il fait donc beau !

PETIT OISEAU.

— Enfin nous te tenons,
Petit, petit oiseau ;
Enfin nous te tenons
Et nous te garderons.

— Dieu m'a fait pour voler,
Gentils, gentils enfants,
Dieu m'a fait pour voler,
Laissez-moi m'en aller [1].

— Non, nous te donnerons
Petit, petit oiseau,
Non, nous te donnerons,
Biscuits, sucre, bonbons.

[1] Les enfants forment une ronde, et tournent en chantant autour de celui qui représente l'oiseau et qui réplique à chacune de leurs strophes par son couplet.

— Ce qui doit me nourrir,
Gentils, gentils enfants,
Ce qui doit me nourrir,
Aux champs seul peut venir.

— Nous te gardons encor,
Petit, petit oiseau,
Nous te gardons encor
Une cage en fils d'or.

— La plus belle maison,
Gentils, gentils enfants,
La plus belle maison,
Pour moi n'est que prison.

— Tu dis la vérité,
Petit, petit oiseau,
Tu dis la vérité,
Reprends ta liberté[1].

[1] La ronde s'ouvre, les enfants se sauvent, celui qui faisait
le petit oiseau court après eux et l'enfant qu'il attrape est
placé à son tour au milieu de la ronde, qui recommence.

CHANT D'OISEAU.

J'ai ouï chanter

Rossignolet,

Qui fringotait,

Qui s'envoisait,

Qui turlutait,

Avec cuer gai

Là-haut sur ces épines !

(D'un Noël.)

A cette strophe d'un vieux Noël, nous opposerions volontiers la chanson allemande de Hoffmann v. Fallersleben, *Alle Vögel sind schon da.* (V. nos *Rhythmes et rimes allemands*, Hachette, édit.). Les deux vers suivants :

Wie sie singen, musiciren,
Pfeifen, zwitschern, tyroliren !

répondent bien à ceux-ci :

Qui fringotait,
Qui s'envoisait,
Qui turlutait.

Dans les deux passages les auteurs ont voulu rendre le chant de l'oiseau par des effets d'harmonie imitative, et des mots appropriés. Le « tyroliren » ne rend-il pas en quelque sorte notre vieux turluter, qui cependant n'a rien de commun avec lui. — Ici, du reste, c'est l'arrivée de Noël que chante le rossignol ; là-bas c'est la venue du printemps que les oiseaux célébrent dans leurs « tyroliennes ».

LES OISELETS.

—

Mon père est un oiseau,
Ma mère est une oiselle,
Il passait l'eau sans bateau,
Elle passait l'eau sans nacelle,
Ma mère était oiselle,
Mon père était oiseau.

(Chansons populaires.)

———

Les oiselets de mon pays
Ai oïs en Bretaigne;
A leurs sons, il m'est bien avis
Qu'en ma douce Champaigne
Je les oïs jadis.

(Gace Brûlé, l'ami de Thibaut II,
cité par TARBÉ, vol. II.)

LES OISEAUX.

Que chantez-vous, petits oiseaux ?
Je vous regarde et vous écoute :
C'est Dieu qui vous a faits si beaux,
    Vous le louez sans doute.

Son nom vous anime en ces bois ;
Vous n'en célébrez jamais d'autre.
Faut-il que mon ingrate voix
    N'imite pas la vôtre ?

Vos airs si tendres et si doux
Lui rendent tous les jours hommage :
Je le bénis bien moins que vous,
    Et lui dois d'avantage.

L'abbé CASSAGNE.

Histoires Curieuses.

LE BON TOTO ET LE MÉCHANT TOM
ou la Journée de deux petits garçons.

On habille Toto, dans cinq minutes, zeste !
Il a mis ses souliers, son pantalon, sa veste,
Et sa petite sœur trouve qu'il est très-beau.
Tom, lui, c'est différent, car il a peur de l'eau ;
Il repousse l'éponge en criant et se cabre,
Le méchant, comme si le peigne était un sabre.
Sur sa chaise il trépigne, aux pieds n'ayant qu'un bas.
La cuvette est par terre et le peigne est à bas.

TRIMM [1].

[1] Voyez la fin de l'histoire dans le livre : *le Bon Toto et le méchant Tom, ou la Journée de deux petits garçons.* (Hachette, éditeur.)

LES INFORTUNES DE TOUCHE-A-TOUT.

Gros Thomas, notre jardinier,
Dit-il, est toujours à crier
Qu'on ne touche pas à sa ruche !
Ce jardinier est une cruche :
Une mouche qui fait du miel
Ne peut avoir le moindre fiel.
Les abeilles, je le parie,
Entendent la plaisanterie.
Il dit, et, sans plus de façon,
Voilà notre petit garçon
Qui, de sa baguette, fourrage
Les abeilles et leur ouvrage.

Soudain l'essaim se précipite
Sur son nez, ses mains et ses yeux.
Comme Touche-à-Tout prend la fuite
Devant leur assaut furieux !

Pendant qu'à terre il se démène,
Gros Thomas sur lui fait pleuvoir
Toute l'eau de son arrosoir,
Et le délivre avec grand'peine.

En un clin d'œil il est enflé,
Déformé, gonflé, boursouflé.
Il souffre, et sa triste figure
Devient rouge comme une mûre.
Touche-à-Tout, piqué, jura bien
De ne jamais toucher à rien.

BERTALL.

Voyez la fin de l'histoire dans : *les Infortunes de Touche-à-Tout*; Hachette, éditeur.

LES INFORTUNES DE TOUCHE-A-TOUT.

—

Comme c'est drôle l'eau qui bout!
Dit un jour Monsieur Touche-à-Tout;
Et comment dans cette bouillote
Se fait-il donc que l'eau clapote?
On croirait ouïr le caquet
D'une pie ou d'un perroquet.

Il vous saisit la cafetière.
Ahi! ahi! vite en arrière
Il se jette; mais à l'instant,
Sur ses pieds se précipitant,
L'eau chaude, par mainte brûlure,
Met le bonhomme à la torture,
Et, ce qui n'est pas le plus beau,
Ses pauvres pieds n'ont plus de peau.

BERTALL.

Voyez la fin de l'histoire dans le volume : *les Infortunes de Touche-à-Tout.*

LOUSTIC COLLÉ A LA POMPE.

—

Jusqu'à présent tout allait bien
Pour le joyeux petit vaurien.
Mais à force de rire on pleure,
Vous le verrez bien tout à l'heure.
Un jour, on était en hiver,
Loustic applique sur le fer
De la pompe sa langue rose,
En faisant, quelle absurde chose!
Le pari qu'il l'y laisserait
Cinq minutes. Ah! le pauvret!

Une minute est écoulée,
Et voilà la langue collée
Toute gelée au puits glacé,
Loustic y demeure fixé.

Hélas ! il n'est plus à la fête,
Il voudrait retirer la tête ;
Il ne peut pas ! Son cou gonflé,
Bleuit, il ahane essouflé ;
Son œil pleure, et sur la margelle,
La langue et les larmes, tout gèle.

LOUSTIC SE BARBOUILLE DE GROSEILLE.

Il se frottait jusqu'aux oreilles,
La bouche de jus de groseilles,
Puis il poussait des cris de paon.
Ahi ! je saigne !... La maman
Accourt, à peine elle respire,
Et l'espiègle éclate de rire.

TRIMM. (Histoire de Loustic [1].)

[1] Hachette, éditeur.

LOUSTIC PERD UN ŒIL.

Quand une voiture passait,
Loustic après elle courait,
Et puis se pendait par derrière ;
C'était sa farce journalière.

Contre Loustic plus d'un cocher
Avait fini par se fâcher.
Un jour qu'il faisait son manége,
Collignon du haut de son siége,
Lui fit présent d'un coup de fouet
Appliqué si dur et si droit,
Qu'un œil tiré de la cervelle
S'enlève au bout de la ficelle.
Pauvre œil ! C'était comme un poisson
Qu'on aurait pris à l'hameçon.

TRIMM.

LOUSTIC SE MOUCHE LA TÊTE.

—

Une des farces de Loustic,
Quand il se mouchait en public,
Était de sonner la trompette
D'une façon fort indiscrète.
Il ne songeait pas, le vaurien,
Que son cou ne tenait plus bien.
Un jour qu'il fit la clarinette
En se mouchant dans sa serviette,
Il moucha si bien son nez sec
Qu'il se moucha la tête avec !

TRIMM.

JEAN LE NEZ-EN-L'AIR.

Lorsque Jean allait à l'école
Il regardait l'oiseau qui vole,
Et les nuages et le toit,
Toujours en l'air jamais tout droit
Devant lui, comme tout le monde ;
Et chacun disait à la ronde,
En le voyant marcher : « Mon cher !
Regardez Jean le Nez-en-l'air. »

Un jour en courant un chien passe,
Et Jean regardait dans l'espace
          Tout fixement ;
Et personne là justement,
Pour crier : Jean ! le chien ! prends garde !
Le voilà près de toi, regarde !
Paf ! petit Jean est culbuté,
Et le chien tombe à côté.

TRIMM.

Hachette, éditeur.

JEAN BOURREAU.

Il aimait, le cruel ! à torturer les bêtes.
Les mouches qu'il prenait, il leur coupait les têtes.
Les jolis papillons, il leur lardait le corps,
Les perçant d'une épingle avant qu'ils fussent morts.
Aux arbres il grimpait, et là, comme un sauvage,
Il arrachait les nids cachés dans le feuillage ;
Et, voyez, sur l'image on vous a copié
Un pauvre oiseau que Jean a pendu par le pié !

TRIMM.

Hachette, éditeur.

JEAN BOURREAU.

Quand il se promenait avec son cousin Pierre,
Les crapauds étaient tous tués à coups de pierre ;
Ou bien il arrachait la patte aux grenouillons,
Et leur perçait le corps comme à ses papillons.
Et les contorsions des pauvres créatures
Amusaient le bourreau qui causait leurs tortures.
Bourreau fut son surnom : Jean le méritait bien.
Tout le monde appelait Jean Bourreau ce vaurien.

LA PETITE PARESSEUSE.

C'est bien Pauline qu'on l'appelle,
Mais *fainéante* est son vrai nom.
On a beau crier après elle,
A tout travail elle dit non.

Elle s'étale sur sa chaise ;
Elle y bâille de tout son cœur.
Son petit chat, elle le baise ;
Elle bat sa petite sœur.

Elle sait ses lettres à peine,
Ne veut pas écrire du tout,
Et n'a jamais, sans quelque scène,
Dit ses prières jusqu'au bout.

Pour regarder à droite, à gauche,
Ses yeux ne sont jamais perclus ;
Mais quant au feston qu'elle ébauche,
Ses mains dorment bientôt dessus ;

Et l'aiguille qui les chagrine
S'en va par terre avec le fil...
Pauline, petite Pauline,
Comment cela finira-t-il ?

DE GRAMMONT. (Les Bébés.
Hetzel, éditeur.)

Cette pièce est-elle traduite de la poésie allemande que voici,
ou en est-elle l'original ?

Paulinchen heisst sie,
Faulinchen ist sie,
Ihr Schwesterchen schlägt sie.
Ihr Kätzchen küsst sie.
Guckaus heissen die Augen,
Thunichts heissen die Hände.
Paulinchen, Faulinchen,
Bedenke das Ende !

(Daheim. 20 Bilder von PLETSCH. Dresden,
Verlag von N. Richter.)

LE DOCTEUR PLUME.

Il est distrait dès qu'il se lève,
On ne sait s'il veille ou s'il rêve. —
A la chasse on se préparait,
Mais le docteur est si distrait
Que personne ne se soucie
De chasser dans sa compagnie.
— Qu'on me donne un fusil, un chien,
Et tout seul je chasserai bien.
Chacun s'écarte et lui fait place :
Monsieur Plume se met en chasse.
Le chien levait lapins, perdrix,
Qui se jetaient, tout ahuris,
Jusque dans les mollets de Plume ;
Mais lui ne voit ni poil ni plume,
Et s'en revient sans tuer rien...
Si fait ! il a tué.... son chien.

TRIMM. (Plume le Distrait.
Hachette, éditeur.)

LE DOCTEUR PLUME.

Il va toujours. Sur l'entrefaite
Un vieux camarade l'arrête
Qui, ne l'ayant vu de longtemps,
Veut lui parler quelques instants,
Et demande comment se porte
Madame Plume (elle était morte).
Plume répond : Tout doucement!
Et chez toi ? — Chez moi, mal vraiment,
Ma fille a pris un méchant rhume.
—Allons, tant mieux, tant mieux! dit Plume.

TRIMM.

Amusettes.

Chat vit rôt,
Rôt tenta chat,
Chat mit patte à rôt,
Rôt brûla patte à chat.

Riz tenta le rat,
Rat tenté tâta le riz.

Pie a haut nid,
Caille a bas nid,
Ver n'a os,
Rat en a,
Chat en a,
Taupe aussi.

Vent a-t-il pied[1],
Poule a-t-il nez,
Rat a-t-il aile,
Beurre a-t-il os?

Un tailleur et un meunier se rencontrent et se demandent :

L'habit s' coud-il? le blé s' moud-il ?
L'habit s' coud, le blé s' moud.

Félix porc tua,
Sel n'y mit,
Ver s'y mit,
Porc gâta.

Ton thé t'a-t-il ôté ta toux ?

Didon dîna, dit-on, du dos d'un dodu dindon.

[1] Il faut lire et dire ces quatrains et vers le plus rapidement possible. Ils font alors l'effet de vers et de mots latins.

Quand un cordier cordant veut accorder sa corde,
Pour sa corde accorder trois cordons il accorde;
Mais si l'un des cordons de la corde décorde,
Le cordon décordant fait décorder la corde [1].

———

Combien ces six saucissons-ci? Six sous ces six saucissons-ci.

———

Ciel! Si ceci se sait, ses soins sont sans succès.

———

Ces cerises sont si sures qu'on ne sait si c'en sont.

———

Voici six chasseurs sachant chasser.

———

Chasseurs, sachez chasser sans chien,
Le soleil nous ragaillardira tous.

———

Tes guêtres sèchent-elles? Mes guêtres sèchent.

[1] Ce quatrain a de l'analogie avec le morceau anglais : *When a Twister a twisting.* (Voir nos *Rhythmes et rimes*, langue anglaise, page 226. Hachette, éditeur.)

Gros gras grain d'orge, quand te dégrogragraind'orgeriseras-tu?

Je me dégrogragraind'orgeriserai quand
tous les autres gros gras grains d'orge se
dégrogragraind'orgeriseront.

———

Quatre plats plats dans quatre plats creux,
Quatre plats creux dans quatre plats plats.

———

Celui-là n'est pas ivre, (*bis*)
Qui trois fois peut dire : (*bis*)
Blanc, blond, bois, barbe grise, bois,
Blond, bois, blanc, barbe grise, bois,
Bois, blond, blanc, barbe grise, bois.

———

Des pantoufles bien brodées,
Bien canfaribotées;
Si j'avais la brodure,
Et la canfariboture,
Je payerais les brodeurs,
Et les canfariboteurs.

(Franche-Comté, Genève.)

Le verbe canfariboter signifie littéralement garnir, orner un vêtement, avec des rubans rouges ou d'une autre couleur éclatante.

BLAVIGNAC (*l'Empro genevois*).

Pour qui sont ces serpents qui sifflent sur nos têtes?

(RACINE.)

Non, il n'est rien que Nanine n'honore.

(VOLTAIRE.)

Crois-tu d'un tel forfait Munco-Capac capable?

Ah! qui voit Sens et ses environs,
Sent en son sein cinq cents sensations.

(TARBÉ.)

Dictons, Énigmes.

Apprends, tu sauras.

Si tu sais, tu pourras.

Si tu peux, tu voudras.

Si tu veux, bien [1] auras.

Si bien [2] as, bien [3] feras.

Si bien fais, Dieu verras.

Si Dieu vois, sain seras

A toujours mais.

Le naturel de la grenouille,
Est qu'elle boit et souvent gazouille.

[1] Bien auras, pour : tu auras du bien.
[2] Si bien as, pour : si tu as du bien.
[3] Bien feras, si bien fais, pour : tu feras du bien, si tu fais
du bien.

ÉNIGME.

—

Ouvrez bien votre comprenette,
Enfants, c'est une devinette.

On l'apporte, il est tout petit.
Gare ! sans dents même il peut mordre.
De colère il rougit, blanchit,
Sous le fer voyez-le se tordre.
Dans sa cage on le fait entrer ;
Vite sur sa proie il se rue.
On l'entend rugir et craquer.
Il grossit, grandit à la vue.
S'il sort, il va vous faire à tous .
Dire haut comment il s'appelle.
Eh bien ! le reconnaissez-vous ?
C'est...... C'est le feu dans le poêle.

Charles MARELLE.

ÉNIGME.

Je suis coquetière,
Je suis vivandière !
Dans mon tonnelet
D'un seul morcelet,
Sans cercle ni douve,
Quand on l'ouvre, on trouve
Deux fines liqueurs
Et de deux couleurs,
Ensemble logées,
Jamais mélangées.
Qui suis-je ? et quel est
Mon fin tonnelet ?

Ch. MARELLE.

(La poule et son œuf.)

Trente jours ont Novembre,
Avril, Juin et Septembre ;
De vingt-huit il en est un,
Les autres en ont trente et un.

***

Un père douze enfants porte,
Qui en ont trente chacun,
Tous de différente sorte ;
Si l'un est blanc, l'autre est brun ;
On les voit tous un à un,
Jamais deux ni trois ensemble,
Et sans qu'il en meure aucun,
Tous les jours meurent, ce semble.

DOUBLET, né à Dieppe au xvie siècle.

Un bon vieux père a douze enfants,
Ces douze en ont plus de trois cents,
Ces trois cents en ont plus de mille,
Ceux-ci sont blancs, ceux-là sont noirs;
Et par de mutuels devoirs
Un repos éternel dure en cette famille.

(L'année, les jours, etc.)

Recueil d'énigmes dédié à Mme la duchesse
de Berry. 1717-1725.

Sans être prélat, j'ai la crosse,
Et sans être berger, un chien,
J'ai baguette et pourtant ne suis magicien,
Dieu vous garde de ma fureur atroce.

(Le fusil d'alors.)

Recueil d'énigmes dédié à M. le prince
de Conti. 1741.

Mon premier est un métal précieux,
Mon second un habitant des cieux,
Et mon tout un fruit délicieux.

(Orange.)

Je suis eau, sans être liquide,
Je suis une poussière humide
Qui se forme chez Jupiter.
Ma froideur réchauffe la terre,
Et quand je te viens visiter
Elle ne craint pas le tonnerre.

(**Lâ** neige.)

Recueil d'énigmes dédié à M^m la duchesse
de Berry. 1717-1725.

Je viens sans qu'on y pense,
Je meurs en ma naissance,
Et celui qui me suit
Ne vient jamais sans bruit.

(L'éclair.)

Recueil d'énigmes dédié à Mme la duchesse
de Borry. 1717-1725.

Devinettes ou Énigmes populaires

Recueillies par M. Eug. ROLLAND.

—-ᐧᐧᐧᐧ∞ᐧ—-

M. E. Rolland, le fondateur de la Revue *la Mélusine*, à laquelle nous avons fait de nombreux emprunts, vient de publier un volume charmant, intitulé : *Devinettes ou Énigmes populaires de la France,* qui paraît à la librairie Vieweg, 67, rue de Richelieu. Nous devons à l'obligeance de l'auteur et de l'éditeur de pouvoir puiser dans ce livre les devinettes que voici :

> Une petite potée
> Qui n'est ni beurrée, ni salée,
> Et qui est bien assaisonnée.

(La noisette.)

> Je l'ai vu vivre, je l'ai vu mort.
> Je l'ai vu courir après sa mort.

(La feuille de l'arbre.)　　　　　(Ardèche.)

> Je l'ai vu vif, je l'ai vu mort.
> Je l'ai revu vif après sa mort.

(La chandelle.)

Vert comme pré,
Blanc comme neige,
Amer comme fiel,
Doux comme miel.

(La noix.) (Lozère.)

Ma tête vaut de l'or, et plus que de l'or,
On me coupe le pied, on me brise le corps,
Et je donne la vie à qui me donne la mort.

(Le blé.) (Haute-Saône.)

On me jette en terre,
On me tire de terre,
On me jette dans l'eau,
On me tire de l'eau,
On me casse les os,
Et ma peau
Sert à vous mettre dans le tombeau.

(Le chanvre.) (Remilly. Pays messin.)

Six pieds, quatre oreilles,
Deux bouches, deux fronts,
Quelle bête est-ce donc?

(Le cheval et le cavalier.)

Petite robe blanche,
Sans couture ni manche.

(Un œuf.)

Qu'est-ce qui noir et blanc,
Qui sautille à travers champs,
Et qui ressemble à Monsieur le curé,
Quand il est en train de chanter?

(La pie.) (Seine-et-Oise.)

M. ROLLAND, *Devinettes.*

Je vas, je viens dans ma maison,
On vient pour me prendre,
Ma maison se sauve par les fenêtres
Et moi je reste en prison.

(Le poisson et le filet.) (Seine-et-Oise.)

Dis-moi de grâce qui est la chose,
Qui nuit et jour ne se repose?

(La rivière.)

Tantôt claire, tantôt obscure,
Deux jours n'est de même nature.

(La lune.)

Madame Grand-Manteau
Couvre tout, excepté l'eau.

(La neige.)

Qui me nomme me rompt.

(Le silence.)

Cinq petits grouillons dans un bois mort.

(Les doigts du pied dans le sabot.)

Tant plus chaud, et tant plus frais.

(Le pain.)

Chacun à tout moment me montre au bout
du doigt.

(L'ongle.)   (Haute-Saône.)

Qu'est-ce qui a trente-six habits sans couture?

(L'oignon.)   (Paris.)

Qu'est-ce qui montre les dents au bois?

(La scie.)   (Seine-et-Oise.)

M. ROLLAND, *Devinettes.*

LES DEUX FRÈRES.

Un et un font deux, — c'est vieux.
Paul et son frère font un, — c'est mieux.

Ch. POTVIN.

SOUHAIT DU NOUVEL AN.

Ces quatre petits vers vous disent le bonjour,
Ces quatre petits vers vous peignent mon amour,
Ces quatre petits vers vous offrent vos étrennes,
Ces quatre petits vers vous demandent les miennes.

AUTRE SOUHAIT.

Mes chers et bons parents, recevez mon hommage,
Et mon premier compliment ;
Je vous aime beaucoup, je veux être bien sage ;
Quand je serai grand et savant,
Je vous en dirai davantage.

Dieu et Patrie.

DIEU.

« Comment Dieu, disait Paul, peut-il être partout,
    Puisqu'on ne le voit pas du tout ?
— Moi, je sais bien comment, dit Petit-Jean, c'est comme
Un verre d'eau sucrée où le sucre est fondu. »
Ce n'était pas trop mal pour un petit bonhomme,
Plus d'un sage peut-être eût moins bien répondu.

RATISBONNE.

Dieu n'a ni bras, ni pieds, ni jambes, ni visage.
— Il a bien une bouche au moins ?
                — Pas davantage !
— Comment est sa couleur ?
                — Il n'est ni blanc ni noir ;
Il n'a rien que l'on puisse ou mesurer ou voir.

RATISBONNE.

DIEU.

Enfants, le Dieu que votre mère
Vous dit de prier tous les jours,
A créé le ciel et la terre,
Les bois, les oiseaux, la lumière,
Les fleurs qui renaissent toujours.

MA MÈRE.

Depuis le jour de ma naissance
Qui donc a soin de mon enfance?
C'est celle à qui durant le jour je pense.
Oh! ma mère, sois mes amours
Toujours!

Qui, lorsque je souffre, s'éveille,
A mes plaintes prêtant l'oreille?
Près de moi qui passe les jours et veille?
Toi, ma mère, sois mes amours
Toujours!

A UN ORPHELIN.

—

Le ciel est noir, la terre est dure,
Le vent dans les arbres mugit,
Que deviendras-tu dans la nuit,
Sous la neige et sous la froidure ?

L. RATISBONNE.

L'ORPHELIN.

—

Où sont, mon Dieu, ceux qui devraient sur terre
        Guider mes pas ?
Tous les enfants ont un père, une mère ;
        Je n'en ai pas !...
Mais une voix murmure à mon oreille :
        Lève les yeux ;
Pour l'orphelin un père est là qui veille
        Du haut des cieux.

Mme A. TASTU.

L'ANGE GARDIEN.
Prière de l'Enfant.

Veillez sur moi quand je m'éveille,
Bon ange, puisque Dieu l'a dit ;
Et chaque nuit, quand je sommeille,
Penchez-vous sur mon petit lit.
Ayez pitié de ma faiblesse,
A mes côtés marchez sans cesse,
Parlez-moi le long du chemin ;
Et, pendant que je vous écoute,
De peur que je ne tombe en route,
Bon ange, donnez-moi la main.

PRIÈRE D'UNE MÈRE.

Mon fils, un jour sur cette terre,
Loin de ta mère
Tu marcheras.
Ah ! plus puissant que ma faiblesse,
Que Dieu sans cesse
Guide tes pas.

Souvenirs d'une sœur. Poésies d'Henriette HOLLARD.
(Sandoz et Fischbacher, éditeurs. 1877.)

PRIÈRE DES ENFANTS.

—

Dieu! le petit enfant,
Sur ta gloire infinie,
   En sait autant
   Que le savant,
Que le plus grand génie.

Le plus petit oiseau
S'évertue à te plaire;
   L'humble roseau,
   La terre et l'eau
Te chantent leur prière.

Répands à pleines mains
Tes dons sur la nature.
   Les fruits, les grains,
   Les doux raisins,
Que tous aient leur pâture !

Fais que les ennemis,
Oubliant leurs querelles,
Vivent unis
Et soient épris
Des beautés éternelles !

Dieu de bonté, répands
Des trésors de tendresse
Sur nos parents ;
Que leurs enfants
Honorent leur vieillesse !

Pierre DUPONT.

PRIÈRE DES ENFANTS A L'ÉCOLE.

Exaucez-nous, Seigneur ! exaucez-nous, Seigneur !
Daignez nous rendre ce jour prospère.
Veillez sur nous toujours, ô notre Père !
Nous vous offrons nos vœux et notre cœur.

LA FRANCE EST BELLE.

La France est belle,
Ses destins sont bénis :
Vivons pour elle !
Vivons unis !

Passez les monts, passez les mers,
Visitez cent climats divers,
Loin d'elle, au bout de l'univers,
Vous chanterez fidèle :
La France, etc.

Vaisseaux, courez à tous les bords,
De nos deux mers quittez les ports,
Donnez sa part de nos trésors
Au monde qui l'appelle !
La France, etc.

Faut-il défendre nos sillons,
Soudain cent jeunes bataillons
S'élancent, brûlants tourbillons,
   Où la foudre étincelle.
    La France, etc.

O myrtes verts, doux orangers,
Coteaux chéris des étrangers,
Vallons, jardins, forêts, vergers,
   Moisson toujours nouvelle !

   La France est belle,
Ses destins sont bénis :
   Vivons pour elle !
   Vivons unis !

PORCHAT.

ROMANCE DU PRÉ-AUX-CLERCS.

Souvenirs du jeune âge
Sont gravés dans mon cœur,
Et je pense au village
Pour rêver au bonheur.

Ah ! ma voix vous supplie
D'écouter mon désir :
Rendez-moi ma patrie)
Ou laissez-moi mourir !) *(bis)*

De nos bois le silence,
Les bords d'un clair ruisseau,
La paix et l'innocence
Des enfants du hameau.

Ah ! voilà mon envie,
Voilà mon seul désir :
Rendez-moi ma patrie)
Ou laissez-moi mourir !) *(bis)*

PLANARD.

SUPPLÉMENT.

Dans nos *Rimes et Dictons* (le livre des hommes) figureront au volume *Villes et Villages* des chansons et des poésies dont quelques-unes peuvent être comprises par les enfants. Nous insérons dans ce Supplément quelques morceaux de ce livre, avec d'autres poésies, qui complètent les *Enfantines,* ainsi que des pièces et traductions qui, à titre de documents, devaient être rejetées à la fin.

1

Le temps a laissé son manteau
De vent, de froidure, et de pluye,
Et s'est vestu de broderye,
De soleil luisant clair et beau.
Il n'y a beste ne oyseau
Qu'en son jargon ne chante ou crye
Le temps a laissé son manteau.

Charles d'ORLÉANS (1391-1465).

2

Pastourelles et pastoureaux
Soufflent dedans leurs chalumeaux
Et puis chantent à bouche ouverte
En grignotant motets nouveaux,
Faisant gambades, tours et sauts
Sur les carrés et l'herbe.

Le Mystère des frères Gréban ; cité par M. ALBERT.

3

Quel plaisir de voir les troupeaux
Quand à midi brûle l'herbette,
Rangés autour de la houlette,
Chercher le frais sous les ormeaux.
Puis le soir à nos musettes
Ouïr répondre nos coteaux
Et retentir tous nos hameaux
Du hautbois et de la musette.

CHAULIEU (1639-1720).

4

Mais lorsque l'on fauchait les herbes
Au retour des blondes saisons,
Quel bonheur de nouer les gerbes
Et de mettre en tas les moissons !

Plus tôt que le coq et l'aurore,
Chacun s'éveillait et chantait ;
Honte à qui sommeillait encore,
Quand l'oiseau matinal partait !

Nicolas MARTIN.

5

Voici venu le mois des fleurs,
Des chansons, des senteurs,
Le mois que tout enchante,
Le mois de douce attente ;
Le buisson reprend ses couleurs,
Au vert bois l'oiseau chante.

(Chansons populaires.)

6

La neige au loin
Couvre nos montagnes.
L'hiver jaloux
Vient fondre sur nous.
Plus de bouquets,
De vertes campagnes,
Portez amours
Le deuil des beaux jours.

(Chansons populaires.)

LES ROIS.

(Couplets des pauvres.)

—

Bonsoir à la compagnie
De cette maison,
J'vous souhaite année jolie
Et biens en saison.

Je suis de pays étrange
Venu dans ce lieu
Pour demander à qui mange
Une part à Dieu.

Apprêtez votre fourchette
Et votre couteau,
Pour nous donner une miette
De votre gâteau.

(*Magasin pittoresque, année 1849.*)

LES ROIS.

—

Les Rois! les Rois! Dieu vous conserve,
A l'entrée de votre souper
S'il y a quelque part de galette
Je vous prie de nous la donner.
Puis nous accorderons nos voix,
Bergers, bergères,
Puis nous accorderons nos voix
Sur nos hautbois.

———

Honneur à la compagnie
De cette maison,
A l'entrée de votre table
Nous vous saluons,
Nous sommes venus d'un pays étrange
Dedans ces lieux.
C'est pour vous faire la demande
De la part de Dieu.

(Beauce.)

(Magasin pittoresque, 1833.)

UN SEUL ROI, UN SEUL DIEU.
(Une seule Religion.)

———

Belle pomme d'or à la révérence,
Nous n'avons plus qu'un Dieu en France,
Une, deux, trois,
Belle pomme d'or, sortez de France.

(Bassin.)
La Mélusine; communiqué par M. Ch. JORET.

Belle pomme à la révérence,
N'y a qu'un roi qui nous reste en France,
Adieu mes amis,
La guerre est finie,
Belle pomme d'or
Tirez-vous dehors.

(Quimper.)
La Mélusine; comm. par LE MEN.

Pim, pomme d'or,
A la révérence,
Qu'y a-t-il en France?
La guerre est finie,
Pour tous mes amis.
Pim, pomme d'or,
Tirez-moi dehors.

(Liége.)
La Mélusine; comm. par M. A. LEROY.

UN SEUL ROI, UN SEUL DIEU.

(Une seule Religion.)

—

Pimpon d'or à la révérence,
Il n'y a qu'un Dieu qui gouverne en France,
Allons mes amis,
La guerre est finie ;
Pimpon d'or, pimpon d'or,
La plus belle sortira dehors.

(Seine-et-Oise.)
La Mélusine; comm. par M. H. ROLLAND.

Belle pomme d'or à la révérence,
Il n'y a qu'un Dieu qui gouverne la France,
Partons ; adieu, mes amis,
La guerre est finie ;
Belle pomme d'or
Sortira dehors.

BLAVIGNAC, *Empro génevois.*

LA CHANSON DU PAYSAN

« Avaudant » (excitant) ses bœufs.

—

Hé !
Mon rougeaud,
Mon noiraud,
Allons ferme, à l'housteau (logis),
Vous aurez du r'nouveau (regain),
L' bon Dieu aim' les chrétiens !
Le blé a grainé ben !
Les gens auront du pain !
Mes mignons, c'est vot' gain,
Nos femmes vont ben chanter,
Et les enfants s'ront gais !
Hé !
Mon rougeaud,
Mon noiraud,
Allons ferme, à l'housteau,
Vous aurez du r'nouveau.

Citée par E. Souvestre qui l'a entendue, le long de la
Loire, d'un paysan « avaudant » (excitant) ses deux bœufs.

Ce refrain, dont l'air est assez monotone, est destiné à faire
aller en mesure. Il a été entendu à Neublans (Jura). Des ou-
vriers du chemin de fer le chantaient avec entrain en enfonçant
dans le Doubs des pilotis, à l'aide d'une lourde pièce de bois
appelée Demoiselle, qu'ils laissaient retomber en cadence.
Après le dernier couplet, ils se reposaient pendant quelques
minutes, puis recommençaient avec ardeur.

En voilà une
La jolie une
Une s'en va
   Ça ira
Deux s'en vient
   Ça va bien.

En voilà deux
La jolie deux
Deux s'en va
   Ça ira
Trois s'en vient
   Ça va bien.

En voilà trois
La jolie trois
Trois s'en va
   Ça ira
Quatre s'en vient
   Ça va bien.

En voilà quatre
La jolie quatre
Quatre s'en va
(*La Mélusine.*)

Ça ira
Cinq s'en vient
   Ça va bien.

En voilà cinq
La jolie cinq
Cinq s'en va
   Ça ira
Six s'en vient
   Ça va bien.

En voilà six
La jolie six
Six s'en va
   Ça ira
Sept s'en vient
   Ça va bien.

En voilà sept
La jolie sept
Sept s'en va
   Ça ira
Sept parti
   C'est fini.

(Neublans [Jura]).

LA SEMAINE DE L'ÉCOLIER PARESSEUX.

Lundi, mardi, fête ;
Mercredi, peut-être ;
Jeudi, la Saint-Nicolas ;
Vendredi, je n'y serai pas ;
Samedi, je reviendrai ;
Et voilà la semaine passée !

(Besançon.)
La Mélusine ; communiqué par M. P. BONNET.

Lundi, mardi, fêtes ;
Mercredi, peut-être ;
Jeudi Saint-Thomas ;
Vendredi, je n'y serai pas ;
Samedi, la semaine sera passée ;
Dimanche, je n'y aurai pas encore été.

(Somme.)
La Mélusine ; communiqué par M. Henry CARNOY.

J'avais un mouchoir à ourler, broder et barlificoter; je l'ai porté chez l'ourleur, le brodeur et le barlificoteur; l'ourleur, le brodeur et le barlificoteur n'y étaient pas, je suis revenu; en mon chemin faisant, je l'ai aussi bien ourlé, brodé, barlificoté, que si l'ourleur, le brodeur, le barlificoteur l'avaient ourlé, brodé, barlificoté.

Je te vends mon petit pot de beurre; il est bien lié, bien bandé, bien calimalifalibaté; si tu ne me le vends pas bien lié, bien bandé, bien calimalifalibaté, tu me payeras la liure, la bottelure, la calimalifalibature.

(La Mélusine.)

22

VOYAGE A LA LUNE.

—

Tu veux partir pour la lune,
Petit Jean, mon Benjamin?
Partons! l'heure est opportune,
Mettons-nous vite en chemin.

Et vite, et vite, en voyage!
Allons voir pays nouveau...
Mais, j'y pense, il serait sage
De partir dans ton berceau.

Dans ton berceau, sans secousse,
Le trajet s'achèvera...
Point de voiture plus douce!
Un ange la conduira!

Enveloppé dans ses langes,
Quand dormira petit Jean,
Cet ange, au pays des anges,
L'emportera d'un élan.

Oh ! les merveilleuses choses
Qu'il lui montrera dans l'air !
Des marguerites, des roses
Plus brillantes que l'éclair ;

Des cerceaux formés d'étoiles,
Et des baguettes de feu ;
Des milliers de blanches voiles
Sur un océan tout bleu.

Des bonbons, devant, derrière,
Sur la tête, sous les pieds !
Des chevaux faits de lumière
Pour les petits cavaliers !

Jean, clignant des yeux, écoute
Maman chanter sa chanson.
Les voilà clos. — Vite en route,
Ange ! emmène l'enfançon !

Vole ! atteins la lune blanche,
Plus rapide que l'oiseau,
Et... Maman sur Jean se penche.
L'enfant dort dans son berceau.

Auguste LE PAS.

(Morceaux choisis de poëtes belges, recueillis par B. van
Hollebeke. Namur, Wesmael-Charlier, édit.)

L'AURORE VERMEILLE.

L'aurore vermeille
Éveille
L'enfant aux beaux yeux
Joyeux.

Et son doux sourire
Expire
Dans ce mot charmant :
Maman !

Mme DE FÉLIX DE LA MOTTE. *Violettes. Fictions et réalités.*

(*Anthologie belge*, par Amélie Strumann Picard et Godefroid
Kurth. Bruxelles, Bruylant-Christophe; Paris, Reinwald.
1874.)

LES MATELOTS.

Cette poésie populaire a fourni la matière de la chanson abrégée sous forme de « scie d'atelier », de la page 231.

Écoutez tous et vous entendrez
Un gwerz nouvellement composé,
Fait au sujet d'une bande de matelots
Qui s'étaient embarqués sur la mer profonde.

Vingt-sept ans ils ont été
Sur la mer profonde embarqués
Et sur la dernière année des vingt-sept (ans),
Le bétail (les vivres) leur a manqué.

Et quand le bétail leur a manqué,
Ils ont songé à manger un d'entre eux...

. . . .

Le maître du navire demandait,
Un jour, à son petit page :
— Petit page, petit page, mon petit page,
As-tu mangé ton souper?

— Ce n'est pas ainsi qu'il sera fait,
On tirera à la courte paille :
Celui qui aura la plus courte,
Celui-là sera mangé le premier.

Et quand ils ont tiré à la courte paille,
C'est au maître du navire qu'elle est échue.
— Seigneur Dieu, serait-il possible
Que mes matelots me mangeassent !

Petit page, petit page, mon petit page,
Toi qui es diligent et leste,
Va au-haut du grand mât,
Pour savoir où nous sommes ici.

Et lui de monter en chantant,
Et de descendre en pleurant :
— J'ai été au haut du mât,
Et je n'ai aperçu aucune terre ;

Je n'ai vu que deux petits navires
Qui étaient pleins de fumée et de sang,
Sous leurs voiles rouges comme le sang,
Signe de guerre et de combat.

— Va encore au haut du grand mât,
Pour savoir où nous sommes ici;
Pour savoir où nous sommes ici,
Ce sera la dernière fois...

Et lui de monter en pleurant,
Mais il descendit en chantant;
Il descendit en chantant,
Et dit aussitôt à son maître :

— Mon pauvre maître, consolez-vous,
Je crois que nous sommes rendus à terre;
Je crois que nous sommes rendus à terre,
J'ai vu la tour de Babylone.

J'ai vu la tour de Babylone,
Et j'en entends les cloches sonner;
Et j'en entends les cloches sonner,
Je pense qu'on y fait la procession.

Je vois mon oncle et ma tante
Faisant tous les deux le tour du cimetière...
. . . .
Dur eut été de cœur celui qui n'eût pleuré,
Sur la tour de Babylone, le dimanche matin,

En voyant trente-sept matelots
Débarquant ensemble sur le pont;
Dix-huit d'entre eux demandaient de la nourriture,
Les autres demandaient un prêtre.

Le recteur de Babylone est un excellent homme,
Charitable envers les malades,
Et il a administré dix-huit d'entre eux,
Avant d'ôter l'étole de son cou!...

GWERZIOU BREIZ-IZEL.

(*Chants populaires de la basse Bretagne* recueillis par F. M.
LUZEL. Lorient, Corfmat imprimeur; Paris, Franck-
Vieweg.)

LES NOCES DU ROITELET.

(Chanson bretonne.)

—

Refrain. — Aux noces du Roitelet,
L'époux est tout petit.

Le petit oiseau au ventre blanc part en tournée,
Pour faire partout les invitations.
Aux noces du Roitelet,
L'époux est tout petit.

— Venez avec quelque petite chose chacun,
Car hélas! il n'est pas riche.
Aux noces du Roitelet,
L'époux est tout petit.

J'irai, dit le Coq,
Et je chanterai devant (le cortége).
Aux noces du Roitelet,
L'époux est tout petit.

Voir page 174.

J'irai aussi, dit la Corneille,
Et je porterai du pain.
Aux noces, etc.

J'irai aussi, dit le Corbeau,
Et je porterai un tison ardent.
Aux noces, etc.

J'irai aussi, dit la Pie,
Et je porterai une pièce de viande.
Aux noces, etc.

J'irai aussi, dit le Geai,
Et je porterai un pot de vin.
Aux noces, etc.

J'irai aussi, dit la Bécasse,
Et je ferai le prêtre.
Aux noces, etc.

J'irai aussi, dit la Bécassine,
Pour aider à sonner la cloche.
Aux noces, etc.

J'irai aussi, dit le Coucou,
Avec un tambour sur mon dos.
Aux noces, etc.

J'irai aussi, dit le Rossignol,
Et je chanterai mainte chansonnette.
Aux noces, etc.

J'irai aussi, dit le Milan,
Et j'irai chercher de l'eau.
Aux noces, etc.

J'irai aussi, dit le Merle,
Et j'aurai de l'argent dans ma bourse.
Aux noces, etc.

J'irai aussi, dit la Grive,
Et pour donner, il me faudra chercher (mendier).
Aux noces, etc.

J'irai aussi, dit le Pivert,
Et je porterai un faix de bois.
Aux noces, etc.

J'irai aussi, dit l'Épervier,
Ensemble avec la Tourterelle.
Aux noces, etc.

J'irai aussi, dit l'Alouette,
Et je chanterai au-dessus de la rivière.
Aux noces, etc.

J'irai aussi, dit le Chardonneret,

Et je chanterai près de la porte.

Aux noces, etc.

J'irai aussi, dit l'Hirondelle,

Et je chanterai sur le faîte de la maison.

Aux noces, etc.

Moi aussi, dit la Mésange,

Et l'Étourneau nous irons ensemble.

Aux noces, etc.

Moi aussi, dit le Pinson,

J'irai avec la Huppe.

Aux noces, etc.

Tous les oiseaux s'y trouvèrent,

Il n'y en eut qu'un seul qui ne vint pas [1].

Aux noces du Roitelet,

L'époux est tout petit.

Chanté par Guillemette Plassart, du Cloître
(Finistère), janvier 1877.

F.-M. LUZEL.

[1] L'oiseau qui ne vint pas est l'aigle, que la tradition représente comme jaloux du roitelet, qui lui disputa la royauté sur les oiseaux.

M. de Gubernatis, dans sa *Mythologie zoologique* (t. II, p. 219), a ainsi résumé quelques traditions relatives à ce sujet :

« Le roitelet (en grec *basilicos*) est, comme l'escarbot, le ri-

« val de l'aigle. Il vole plus haut que celui-ci. Dans un conte
« de Montferrat, le roitelet et l'aigle se défient à qui volera le
« mieux. Tous les oiseaux sont présents. Tandis que l'aigle or-
« gueilleux s'élève dans les airs, méprisant le roitelet, et vole
« si haut qu'il se fatigue promptement, le roitelet, qui s'est
« placé sous l'une des ailes de l'aigle, s'en dégage quand il le
« voit épuisé de fatigue et monte encore plus haut, en chantant
« victoire.

« Pline dit que l'aigle est l'ennemi du roitelet, *quoniam rex*
« *appellatur avium.* Aristote rapporte aussi que l'aigle et le
« roitelet se livrent des combats. La fable du défi de l'aigle et
« du roitelet était déjà connue de l'antiquité. Ce défi eut lieu,
« disait-on, quand les oiseaux voulurent se donner un roi.
« L'aigle étant monté plus haut que tous les autres oiseaux,
« allait être proclamé roi, quand le roitelet, qui s'était tenu
« caché sous une de ses ailes, vint à se poser sur sa tête et se
« déclara vainqueur. »

La tradition de ce défi entre l'aigle et le roitelet est aussi
fort répandue dans le peuple en basse Bretagne.

(La Mélusine.)

THE BURIAL CHANT OF COCK ROBIN.

Dans la poésie populaire anglaise l'un des poëmes les plus
gracieux est : *les Noces de Cock Robin* et *le Chant funèbre de
Coq Robin*.

La chanson bretonne qui précède, donne la version ou l'original des *Noces*. Voici le *Chant funèbre* :

Who killed Cock Robin ?
I, said the Sparrow,
With my bow and arrow,
I killed Cock Robin.

Who saw him die ?
I, said the Fly,
With my little eye,
And I saw him die.

Who caught his blood ?
I, said the Fish,
With my little dish,
And I caught his blood.

Voir nos *Rhythmes et Rimes*. Langue anglaise (Hachette,
éditeur), page 187.

LE CHANT FUNÈBRE DE COCK ROBIN.

—

Qui a tué Cock Robin (rouge-gorge)?
(C'est) moi, dit le moineau,
Avec mon arc et (ma) flèche,
C'est moi qui ai tué Cock Robin.

Qui l'a vu mourir?
Moi, dit la mouche,
Avec mon petit œil,
Et c'est moi qui l'ai vu mourir.

Qui recueillit son sang?
Moi, dit le poisson,
Avec mon petit plat,
Et c'est moi qui ai recueilli son sang.

Who made his shroud?
I, said the Beadle,
With my little needle,
And I mad his shroud.

Who shall dig his grave?
I, said the Owl,
With my spade and showl (shovel),
And I'll dig his grave,

Who'll be the parson?
I, said the Rook,
With my little book,
And I'll be the parson.

Who'll be the clerk!
I, said the Lark,
If 'tis not in the dark,
And I'll be the clerk.

Who'll carry him to the grave?
I, said the Kite.
If't is not in the night,
And I'll carry him to his grave.

Qui a fait son linceul ?
C'est moi, dit le bedeau,
Avec ma petite aiguille,
Et c'est moi qui ait fait son linceul.

Qui creusera sa tombe ?
Moi, dit le hibou,
Avec ma bêche et (ma) pelle,
C'est moi qui creuserai sa tombe.

Qui sera le curé ?
Moi, dit la corneille,
Avec mon petit livre,
Et c'est moi qui serai le curé.

Qui sera le vicaire ?
Moi, dit l'alouette,
S'il ne fait pas trop sombre,
Et c'est moi qui serai le vicaire.

Qui le portera à la fosse ?
Moi, dit le milan,
Si ce n'est pas dans la nuit,
Et c'est moi qui le porterai à la fosse.

Who'll carry him the link?
  I, said the Linnet,
I'll fetch it in a minute
And I'll carry the link.

Who'll be the chief mourner?
  I, said the Dove,
I mourn for my love,
And I'll be the chief mourner.

Who'll bear the pall?
  We, said the Wren,
Both the cock and the hen,
And we'll bear the pall.

Who'll sing a psalm?
  I, said the Thrush,
As she set in a bush,
And I'll sing a psalm.

And who'll toll the bell?
  I, said the Bull,
Because I can pull;
And so, Cock Robin, farewell.

Qui lui portera la torche?
Moi, dit la linotte,
Je la cherche à l'instant,
Et je porterai la torche.

Qui fera le pleureur?
Moi, dit la colombe,
Je porte le deuil de mon bien-aimé.
Oui, moi, je serai le pleureur.

Qui portera le poêle?
Nous, dirent les roitelets,
Et (le coq et la poule) mâle et femelle,
Nous porterons le poêle.

Qui chantera un psaume?
Moi, dit la grive,
(Comme elle était) assise dans un buisson,
Et je chanterai un psaume.

Et qui sonnera le glas?
Moi, dit le taureau,
(Parce que) je puis tirer (la corde);
Adieu, Cock Robin, adieu!

All the birds in the air
    Fell to sighing and sobbing,
When they heard the bell toll,
For poor Cock Robin.

Tous les oiseaux dans l'air
Se prirent à soupirer et sangloter,
Quand ils entendirent la cloche tinter
Pour pauvre Cock Robin.

O CHER ENFANTELET.

—

O cher enfantelet ! vray pourtraict de ton père,
  Dors sur le seyn que ta bousche a pressé !
Dors petiot ! cloz, amy, sur le seyn de ta mère,
  Ton doulx œillet par le somme oppressé.

Bel amy, cher petiot, que ta pupille tendre
  Gouste ung sommeil qui plus n'est fait pour moi !
Je veille pour te veoir, te nourrir, te défendre...
  Ainz (mais) qu'il m'est doux ne veiller que sur toy !

Dors, mien enfantelet, mon soulcy, mon idole,
  Dors sur mon seyn, le seyn qui t'a porté !
Ne m'esjouit encor le son de ta parole,
  Bien ton soubriz cent fois maye enchanté.

Me soubriraz, amy, dez ton réveil peut-être,
  Tu souriras à mes regards joyeulx...
Jà prou (un peu) m'a dict le tien que me savoiz cognestre,
  Jà bien appris te myrer dans mes yeulx.

Quoy! tes blancs doigtelets abandonnent la mamme,
  Où vingt puyzer ta bouschette a playzir!...
Ah! dusses la seschier, cher gage de ma flamme,
  N'y puyzeroit au gré de mon dézir!

Cher petiot, bel amy, tendre fils que j'adore!
  Cher enfançon, mon soulcy, mon amour!
Te voy toujours; te voy et veulx te veoir encore:
  Pour ce trop brief me semblent nuict et jour.

Estend ses brasselets; s'espand sur lui le somme;
  Se clost son œil; plus ne bouge... il s'endort...
N'estoit ce tayn floury des couleurs de la pomme,
  Ne le diriez dans les bras de la mort.

Arreste, cher enfant! j'en frémy toute engtière!
  Réveille-toy! chasse ung fatal propoz!...
Mon fils,... pour ung moment... ah! revoy la lumière!
  Au prilx du tien, rends-moy tout mon repoz!

Doulce erreur! il dormait... c'est assez, je respire;
  Songes légiers, flattez son doulx sommeil!
Ah! quand voyray cestuy pour qui mon cœur soupire,
  Aux miens costez, jouir de son réveil?

Quand te voyra cestuy dont az receu la vie,
  Mon jeune espoulx, le plus beau des humains?
Oui, desja cuyde voir ta mère aux cieulx ravie
  Que tends vers luy tes innocentes mains !

Comme ira se duysant à ta prime caresse !
  Aux miens bayzers com̄ t'ira disputant !
Ainz ne compte, à toy seul, d'espuyser sa tendresse,
  A sa Clotilde en garde bien autant.

Qu'aura playsir, en toy, de cerner son ymaige,
  Ses grands yeulx vairs, vifs et pourtant si doulx !
Ce front noble, et ce tour gracieux d'un vizaige
  Dont l'amour mesme eut fors (peut-être) esté jaloux !

Pour moy, des siens transports onc ne seray jalouse
  Quand feroy moinz qu'avec toy les partir :
Faiz amy, comme luy, l'heur d'ugne tendre épouse,
  Ainz, tant que luy, ne la fasse languir !...

.   .   .   .

.   .   .   .

Te parle,et ne m'entends... eh ! que dis-je insensée !
  Plus n'oyroit-il, quand fust moult esveillé.
Povre chier enfançon ! des fils de ta pensée
  L'eschevelet n'est encor débroillé.

Je te parle et tu ne m'entends pas.
Il n'entendrait pas davantage quand même il serait éveillé.
Le petit écheveau des fils de ta pensée n'est pas encore dé-
brouillé.

Tretouz avons esté, comme ez toy, dans ceste heure ;
  Triste rayzon que trop tost n'adviendra !
En la paix dont jouys, s'est possible, ah ! demeure !
  A tes beaux jours.mesme il n'en souviendra.

O cher enfantelet ! vray pourtraict de ton père,
  Dors sur le seyn que ta bousche a pressé !
Dors petiot ! cloz, amy, sur le seyn de ta mère,
  Ton doulx œillet par le somme oppressé.

Voylà ses traicts... son ayr ! voilà tout ce que j'aime !
  Feu de son œil, et roses de son tayn...
D'où vient m'en esbahyr ? aultre qu'un tout luy-mesme
  Pust-il jamais esclore de mon seyn ?

Clotilde DE SURVILLE.

ERRATA ET ADDITIONS.

—

Page 66, au quatrain, vers 3, lisez :
    Par l'oreille, l'espaule et l'œil.

Page 226, note. Le texte de Damas Arbaud porte :
    « D'agnelets, blancs moutons ».
  Nous le rétablissons ainsi : etc., etc.

———

Page 284. Suite et fin de la note :
  C'est ici le lieu, ou jamais, de rappeler les vers de Du Bartas
(1544-1590) :

La gentille alouette, avec son tire-lire,

Tire l'ire (la colère) à l'iré (à l'homme irrité),

    Et tirelirant tire

Vers la voûte du ciel ; puis son vol vers ce lieu

Vire, et désire dire : Adieu, Dieu, adieu Dieu.

  On sait aussi que Ronsard a plus d'une fois reproduit cette
onomatopée. Nous ne citerons que ces vers :

    J'escoute la jeune bergère
    Qui dégoise son lerelot.

  Et ceux-ci de la pièce *à l'Alouette :*

    Tu dis en l'air de si doux sons
    Composés de ta tirelire.

———

TABLE DES MATIÈRES

—◦◦⋛◦⋚◦◦—

RISETTES, JOIES DE LA MÈRE.

24

CHANSONS DE MÉTIERS.

DIEU ET PATRIE.

TABLE ALPHABÉTIQUE

Pages.

*

Nancy, Imprimerie Berger-Levrault et Cᵉ

PUBLICATIONS DE M. Ph. KUHFF.

LANGUE FRANÇAISE.

LES ENFANTINES DU « *BON PAYS DE FRANCE* » (le Livre des Mères).
1 volume. Fischbacher et Sandoz, éditeurs.

LEÇONS ET LECTURES EN VERS pour enfants de 8 à 12 ans (le Livre
des Enfants). 1 volume.

RIMES ET DICTONS pour Petits et Grands (le Livre des Hommes).
Première partie : *Petits et grands.*

LANGUE ALLEMANDE.

LA GÉOGRAPHIE DE L'ALLEMAGNE EN ALLEMAND. Textes tirés
des auteurs allemands, avec 14 cartes et des exercices. A l'usage de la
classe de troisième. 1 vol. in-12 ; cartonné, 3 fr. Hachette, éditeur.

LES FORMES ET LES NOMBRES (Form und Zahl). Exercices d'allemand. 1 vol. in-12, avec de nombreuses figures intercalées dans le texte.
Premier fascicule, 60 c. Hachette, éditeur.

RHYTHMES ET RIMES (Rhythmus und Reim). Le livre des leçons, à
l'usage des classes de huitième et de septième. Textes allemands avec
exercices et grammaire. 4ᵉ édition. 1 vol. in-12 ; cartonné, 2 fr. 50 c.
Hachette, éditeur.

CONTES ET POÉSIES (première partie : Spruch und Sprache). Textes
allemands avec exercices de grammaire et de conversation. Le verbe
fort. Reproductions écrites et orales. Thèmes d'imitation. Thèmes
de règle. A l'usage de la classe de sixième. Cartonné, 2 fr. 50 c.
Delagrave, éditeur. — Le même, édition des textes seuls.

Ce cours se terminera par les volumes :

CONTES ET POÉSIES (deuxième partie : Lied und Legende). Textes
allemands avec exercices de conversation et de grammaire. L'ad-
jectif, la préposition, l'adverbe, les verbes à particule. Fin de la
partie étymologique.

RÉCITS ET POÉSIES AYANT TRAIT A L'HISTOIRE DE
L'ALLEMAGNE (Geschichte und Sage). Textes allemands avec
exercices de reproduction écrite et orale et devoirs de grammaire.
La Syntaxe.

LANGUE ANGLAISE.

RHYTHMES ET RIMES. Textes anglais en vers, avec traduction, exercices
et grammaire, à l'usage des classes de huitième et de septième, par
MM. Kuhff et Eissen. 1 vol. in-12, broché, 3 fr. Hachette, éditeur.

Nancy, imprimerie BERGER-LEVRAULT ET Cⁱᵉ.

www.ingramcontent.com/pod-product-compliance
Lightning Source LLC
Chambersburg PA
CBHW051251060726
47596CB00001B/73